当代科学技术论译丛

We Have Never Been Modern

Nous n'avons jamais été modernes

Essai d'anthropologie symétrique

我们从未现代过

对称性人类学论集

著 【法】布鲁诺·拉图尔(Bruno Latour)

译 刘鹏 安涅思

苏州大学出版社
SOOCHOW UNIVERSITY PRESS

图书在版编目(CIP)数据

我们从未现代过:对称性人类学论集/(法)拉图尔著;刘鹏,安涅思译.—苏州:苏州大学出版社,2010.9
(学术新视野:当代科学技术论译丛)
ISBN 978-7-81137-516-9

Ⅰ.①我… Ⅱ.①拉…②刘…③安… Ⅲ.①人类学—文集 Ⅳ.①Q98-53

中国版本图书馆 CIP 数据核字(2010)第 182612 号
著作合同登记号 图字: 10-2008-416 号
Nous n'avons jamais été modernes: Essai d'anthropologie symétrique / by Bruno Latour / ISBN 2-7071-4849-0

书　　名	**我们从未现代过** ——对称性人类学论集
著　　者	[法]布鲁诺·拉图尔
译　　者	刘鹏　安涅思
责任编辑	李寿春
出版发行	苏州大学出版社 (地址:苏州市十梓街 1 号　215006)
经　　销	江苏省新华书店
印　　刷	丹阳市教育印刷厂
开　　本	700 mm×1 000 mm　1/16
字　　数	180 千
印　　张	12.5
版　　次	2010 年 9 月第 1 版 2010 年 9 月第 1 次印刷
书　　号	ISBN 978-7-81137-516-9
定　　价	25.00 元

苏州大学出版社网址　http://www.sudapress.com

献给凯瑞斯和艾德里安

目　录
Contents

中文版序言

从科学的世界步入研究的世界

在过去的一个半世纪里，科学与社会的关系发生了很大的变化。如果要寻求一种能够充分反映此种变化的表达，我发现最合适的一句话就是——我们已经从科学(Science)转向了研究(Research)。科学意味着确定性；而研究则充满着不确定性。科学是冷冰冰的、直线型的、中立的；研究则是热烈的、复杂的、充满冒险的。科学意欲终结人们反复无常的争论；研究则只能为争论平添更多的争论。科学总是试图尽可能地摆脱意识形态、激情和情感的桎梏，从而产生出客观性；研究则以此为平台，以便使得其考察对象通行于世。

不幸的是，目前所有的仅仅是科学哲学，而缺乏研究哲学(Philosophy of Research)。公众的意念中存在着诸多陈词滥调的表述，他们将之视为理解科学及其神话的捷径；然而，人们却并没有努力使研究成为常识的一部分。如果人们在150年前所创立的那个学会[1]是为了促进科学发展的话，那么也十分有必要来考察一下一个研究促进会(an Association for the Advancement of Research)将是何等模样，它又会导致社会在本质上发生何等变化。

我们绝不可以将科学和社会先行分割而后定义之，它们依赖于同样的

〔1〕 拉图尔在此指的是成立于1848年的美国科学促进会。——译者注

基础：它们就像是由同样的“制度”[1]所界定的两个力量分支一样。如果你对此种“力量分割”做出改变，那么，你必须立刻改变你对科学之所是以及社会之所能为的观点。

或许，这是自科学产生以来所出现的最大变化。在与文化的其他部分发生关系的方式上，科学和研究有着完全不同的表现。在第一种模型中，社会就像是桃子那柔软的果肉，而科学则是块坚硬的石头。科学为社会所包围，社会在本质上也异于科学方法之内在的运行方式：社会可以拒绝或者接受科学之成果，亦可以对其实践结果表现敌意抑或是友善之情；但是，一方面是科学结构的硬核，另一方面却是语境（对于一种自治的科学而言，它所能做的也只是减缓或者加速其发展速度），此两者之间并无直接联系。一句老套之话道破所有天机：在此处的宫殿之中，伽利略在安置自由落体的命运；而在彼处的宫殿里，王子、红衣主教和哲学家们则在讨论人类灵魂的宿命。

科学扩散其结果、其道德规范、其方法的唯一方式，就是通过教育使自己在普通大众中间得以普及。在当时，由于年轻的美国对科学并不友好，因此，人们在第一时间创立了这一伟大的学会。时至今日，要在研究和我们犹犹豫豫所称谓的“社会”之间确立联系，将是一件完全不同的事情。

要说明这一点，一个例子即已足够。1997 年 12 月初，由法国肌肉萎缩治疗协会（AFM, the French Association for the Treatment of Muscular Distrophy）所召集的一个病人群体，通过电视活动（一个冗长的慈善节目）为其慈善事业募集到了 8 000 万美元的慈善基金。这一疾病能够导致肌肉障碍，而且可能由某种基因所引起，因此到目前为止 15 年以来，AFM 在分子生物学领域投入了大量的资金。然而，令所有法国科学团体大跌眼镜的是，这项慈善基金却被临时用到了更为基础的人类基因组的研究上，甚至比法国政府的投入还多！他们探索出了某些原创性的方法来描绘染色体的图谱，而且他们进展迅速、深入，他们在《自然》杂志上发表了染色体的第

---

〔1〕 Latour, Bruno (1993), *We Have Never Been Modern*, Cambridge, Mass: Harvard University Press.

一组图谱——这令美国人大吃一惊，惊诧于他们的自诩！[1][2]接着，在完成了这些工作之后，他们解散了自己所建立的用以描绘染色体图谱的实验室，倾其全力投入到了对基因治疗的探索之中，尽管这是一条漫漫无期的冒险之路。

AFM位于巴黎南部的宜维(Ivry)，它的建筑物的自身结构就显示了将科学与外在社会相隔离这一隐喻的局限：第一层是轮椅中的病人；第二层是实验室；第三层是管理部门；到处都是下一期募捐节目的海报和来访的捐赠者。科学在何处？社会又在何处？现在，它们被纠缠到了一起，永远都难以再分开。太超乎寻常了，病人们竟然利用基因决定论(在很多领域，这都被作为增强自然之决定论意味的一种方法)作为获得额外自由的工具。

正如最近某些迹象表明的，在很多其他的疾病领域[3]，诸多决定都是由病人、病人的家庭及其代表所作出，他们与某些具有新定位的科学共同体保持了紧密的联系。现在，病人们制定了他们自己的科学对策，仿佛这已成为惯例。在这些例子中，社会的角色已经全然不同于其在传统模型中的模样。病人们不再苦等着科学一点一点地进入其日常生活，对于如何促进科学的进步，他们也不再满足于要么敞开心扉要么三缄其口。他们不再企盼着基因、病毒或者疫苗能够将他们的主观苦楚转变为客观决定。他们根据自身之需，接管了疾病的确诊工作以及科学对策的调整工作；他们绝对不会再指望科学能够为之提供确定性了，他们认为自己必须也要承担研究的风险。毫无疑问，“病人”一词从未包含着如此多的行动和如此少的忍耐！

如何才能最好地表达出研究与社会之间的这一新政呢？在我看来，“集体实验”的观念至少可以帮助我们理解其当下的精神实质。[4]

---

〔1〕 Weissenbach, Jean, et al. (1992), “A second-generation linkage map of the human genome”, *Nature* 359:794-801.

〔2〕 Cohen, D. and I. Chumakov, J. Weissenbach (1993), “A first-generation physical map of the human genome”, *Nature* 366: 698-701.

〔3〕 Epstein, Steven (1996), *Impure Scienc:; AIDS, activism, and the politics of knowledge*, Berkeley: University of California Press.

〔4〕 Callon Michel (1994), “Is Science a Public Good. Fifth Mullins Lecture, Virginia Polytechnic Institute, 23 March 1993”, *Science, Technology and Human Value* 19 (4): 395-424.

科学协会创立之初，在科学家——当时这还是个新词——的心目中，科学应该一点一点地解决大多数的社会疾病。因此，人们也就认为科学可以消灭贫穷、迷信以及人类的其他愚行。退一万步讲，科学越是进步，人类的生活也就越好。对现代性的渴望——凭借着这种渴望，人们狂热地献身于科学事业——便可归因于这种绝对的确定性：存在着一个时间箭矢，它非常清晰地将人类黑暗的过去（在此处，激情和客观性混杂而居）与一个更加光明的未来（在彼处，人性不会再将事实与价值、客观性与主观性混淆起来）区分开来。对于一种永无止境的现代化（就像是一种永无止境的神话一样）的信念，成为大多数科学家惊人力量的源泉；而且，这种现代化能够将人类陈腐的过去与开化的未来截然分开。

试图缩小荣耀的先辈与我辈之间的距离是毫无用处的。在一个半世纪之后，世易时移！谁还会再相信这样一种对科学的纯粹召唤——而且，就此而言，永无止境的前沿又在哪里？可以肯定的是，社会的科学化已经产生出了诸多美妙的废墟，但这绝不是一个更好的社会。

不过，我们必须小心谨慎，以免曲解在期望与现实之间那不断扩大的裂缝。很多人都说，科学的美梦已经破碎了，现代化已是油尽灯枯，原先所认定的良善之所现在则充满弊垢，时间的箭矢也绝不再指向进步性；面向新世纪的，与其说是一条康庄大道，倒不如说就是一盘意大利面条。甚至可以说，科学“没有未来”。科学应该被暴露于阳光之下，应该被彻底地揭露无遗，就像是被人类历史上最强的腐蚀剂所摧毁的一切幻想一样。上帝死后，人类开始从理性起飞。

对于这一巨变，我的解释是截然不同的，因为我从我们在那卑微的“科学论”领域中所做的实地工作中获得了些许启发。科学或许已经死了，但是研究将永存！我相信，仍然存在着一个“时间的箭矢”，但是，它以一种新的方式区分了过去与将来。在过去，物与人纠缠在一起；在将来，它们将更以一种无以复加的方式纠缠在一起！

举例而言，没有人会相信生态学争论将渐行渐止，直到不再有人关心环境的程度。[1]与科学家和政治家一样，实践者亦不指望科学来简化其生活的网络——相反，他们倒希望研究能够增加实体的数量，而且他们在其集体生活中将与之遭遇。

正是在这一关键时刻，“集体实验”的观念体现出了它全部的分量。多年以来，欧洲人的生活与一种所谓的“疯牛病”交织在一起。对于与流行病学、非常规蛋白质、兽医监管、肉类的追踪管理、行业立法等相关的科学问题而言，人们期盼其不断进步和发展，但从未有人想一劳永逸地将“科学事实”从“意识形态”、“品味”和“价值”的社会语境中脱离出来。相反，人们反倒盼望着出现一种意想不到的结果，不管人们如何对待由肉类、部长、骨头、蛋白质、病毒和食用牛所组成的复杂网络！[2]

这就是最大的改变之处。科学不再步入一个混沌的社会后接着便为之制定秩序、简化其组成、终结其争论。它根本就没有进入，而只是为构成“集体实验”的其他所有组成增加了一些新内容（就如那美妙而又出人意料的朊病毒，它为普鲁兹奈[Pruziner]赢得了 1997 年的诺贝尔奖）。尽管科学家们对此持保留意见，但是他们从未终止过政治活动：他们为集体过程的制造加入了新的实体。对于那些代表了人类及其需求的诸多代言人而言，他们新加入的那些代表，我该如何称谓这种关系呢？——非人类及其需求的代言人。

当实体的规模被考虑在内并与至高之善发生冲突时，这种纠缠甚至更加强烈。在《科学》杂志最近的一篇评论文章中[3]，科学家们以墨西哥暖流的名义声称，由于大西洋含盐量的变化，墨西哥暖流正面临着消失的危险。这样一篇文章，就是我正在试图界定的研究与社会之间的新政的一个典型例子：一个非常巨大的新实体进入了“集体实验”，也被增加到了那构成人类与非人类之共同社会的组分的名单之中。除了朊病毒之外，又加入

---

〔1〕 Western, D. and R. Wright, Eds (1994), *Natural Connections: Perspectives in Community-Based Conservation*, Washington D.C.: Island Press.

〔2〕 Beck, Ulrich (1992), *Risk Society: Towards a New Modernity*, Landon: Sage

〔3〕 Broecker, W. S. (1997), "Thermohaline circulation, the Achilles heel of our climate system: Will man-made CO_2 upset the current balance?" *Science* 278: 1582-1588.

了墨西哥暖流！诸如此类的杂志每周都将大量的新实体呈现在公众面前，那又有谁会希望我们与它们相分离？现在，只有一件比死亡和税收更加确定的事情，那就是：相比过去而言，将来会更加光怪陆离。

尽管有点后知之明，但我们总算明白了，至今依然被视为科学发展阻力的"社会"的定义方式从一开始就是一个拙思劣想。自始至终，人们一直都是在削弱科学主张之真理性和确定性的意义上来使用"社会"这一形容词的——如果人们说，一个结果是"社会建构"的，这即是说，它是错误的，至少从科学的角度来看确实如此。科学与社会之间的这场你死我活的角力，不再是人们的唯一选择了。现在，出现了另外一种选择。对于科学那古老的口号——一门学科愈是独立，这门学科就愈有前景——而言，现在，与之相对，我们提出一个更加现实的行动呼吁：一门科学学科愈是与其他领域相涉，这门学科就愈有未来。

当然是的，这也就意味着，我们不得不改造我们的认识论，不得不调整我们的政治制度，不得不颠覆社会科学的定义方式。伽利略在他那昏暗的狱房中独自喃喃自语："不过，它是在运动！"日前在京都召开的一次会议中，在同一所宫殿的同一间房间里，各国的政府首脑、说客和科学家们济济一堂，共同讨论地球该何去何从。如果我们对这两个例子进行比较的话，就知道科学和研究之间的差别了。[1]

现在，科学家可以进行选择了：要么继续坚持一种理想科学的观念，而这是与19世纪中期的境况相适应的；要么向我们所有人、向大众阐述一种理想研究的观念，这更与当下我们所有人都深涉其中的"集体实验"相适应。

自科学革命以来，所有的罪恶都有充分的时间从门户洞开的潘多拉之盒中逃出。只有一件东西被留在了盒内，那就是希望。现在，或许是从中收获希望的时候了。

布鲁诺·拉图尔

[1] Biagioli, Mario and Courtier, Galileo (1993), *The Practice of Science in the Culture of Absolutism*, Chicago: University of Chicago Press.

英文版谢辞

本书的英文版和法文版之间存在诸多不同。例如，我对某些图表进行了改动，并增加了“何为拟容体”部分；另外，在不改变全书总体结构的前提下，对某些论证进行了强化或者澄清。我之所以没有使用经验例证，是为了保持本书的思辨风格——这恐怕可以说是非常高卢式的风格。在参考书目中，读者会发现大量的案例研究著作，其中也包括我所做的几个案例研究。在完成了几本经验著作之后，在此，我努力通过讨论某些与此领域相涉的哲学思想，试图将一个渐渐浮现的新领域——科学论——推到文化大众的视野之中。

为了使此书看上去至少不是荒唐无聊之作，许多人都付出了努力。在他们中间，我特别要感谢 Luc Boltanski，Francis Chateauraynaud，Elizabeth Claverie，Gerard de Vies，François Gèze 和 Isabelle Stengers。

我也非常感谢 Harry Collins，Ernan McMullin，Jim Griesemer，Michel Izard，Clifford Geertz 和 Peter Galison；我曾在他们的讨论会上介绍过本书的某些论点。

第二章的部分内容曾在“后现代？不，简直就是反现代：走向科学人类学”(Postmodern? No, simply amodern: steps towards an anthropology of science.)一文中发表，此文载于《科学史与科学哲学研究》(*Studies in the History and Philosophy of Science* 21: [1990] 145 - 171)。第三章的某些论述曾以另一种形式“社会学转向之后的又一转向：慢慢步入非现代世界的科学论”(One more turn after the social turn: easing science studies into the non-modern world)发表，此文载于麦克穆林(Mcmullin)主编的《科学的社会维度》一书(*The Social Dimensions of Science*. Notre Dame: Notre Dame University Press, 1992, pp. 272 - 292)。

1 危　机

1.1 杂合体的增殖(The Proliferation of Hybrids)

像往常一样,我又拿起一份报纸,在报纸的第 4 页中,我了解到今年的测量数据表明南极洲的情形不容乐观:臭氧层空洞在不断扩大。继续读下去,文章将我的注意力从研究高层大气的化学家那里引向了阿托化学公司(Atochem)和孟山都公司(Monsanto)的首席执行官,人们指责这些公司破坏了生态环境,因此它们正在改进其生产线以取代那些无辜的含氟氯碳化物(chlorofluorocarbon)。几段之后,报道继续写到,主要工业国家的政府首脑们深受化学、冰箱、空气浮尘和惰性气体的困扰。不过,文章最后指出,气象学家与化学家之间的观点并不一致,他们在与人类活动无关的周期性波动上发生了争执。正因为如此,实业家们不知道该怎么办了;政府首脑们也同样举棋不定。我们应该继续等下去吗?现在是否已经太晚?在这一页的最下方,第三世界国家和生态学者们也对此表示怀疑,他们讨论了相关的国际政策、延期偿付、子孙后代的权利和发展权等问题。 【1】

这篇文章将化学家的反应与政治的反应联系在了一起。这样一条线索就像是将最艰深的科学和最肮脏的政治联系起来;将千里之外的高空与里昂(Lyon)郊区的工厂联系起来;将全球范围内面临的威胁与迫在眉睫的地方选举或者即将进行的董事会议联系起来。地平线、股票、时政、行动者——所有这些之间都是不可通约的，然而在这里，它们却被同一个事件串联起来。

接着，在报纸的第6页中，我读到，在巴黎嘉莱（Gallo）教授实验室中的培养基感染了艾滋病毒；而希拉克先生（Chirac）和里根先生（Reagan）则庄
【2】严地宣称我们无法重现这一发现的真实历史；化工行业的发展并不迅速，患者组织迫切需要的治疗药物并未面世；而这种传染病却又在撒哈拉以南的非洲不断传播。政府首脑、化学家、生物学家、绝望的患者和实业家又一次发现他们共同纠缠在了一个不确定性的经历之中，并将生物学和社会杂糅到了一起。

第8页讲述了有关日本所主导的计算机和芯片的发展历史；第9页分析了人们是否有权进行冷冻胚胎的实验；在第10页，我们得知一场森林大火所产生的浓烟，夺去了很多博物学家所极力保护的珍稀生物的生命；第11页谈到了鲸鱼，它们被戴上了装有无线电追踪装置的项圈；同一页还谈到了法国北部的一个矿渣场，由于它孕育出了一个珍稀植物群落，因此刚刚被确定为一个生态保护区；在第12页，围绕着避孕药具，教皇、法国大主教、孟山都公司、输卵管和德克萨斯原教旨主义者们非常奇怪地聚集到了一起；在第14页，作者在对高清电视的介绍中将德洛尔（Delors）先生、汤姆逊公司、欧洲经济共同体、标准化委员会、日本（又是日本）以及电影制造商放到了一起，即便仅仅是将标准改动哪怕那么几行，也将会导致数十亿法郎的耗费，同时也将影响到数以百万计的电视机、大量的电影以及不计其数的工程师，也很可能会使得大量的CEO们举步维艰。

幸运的是，报纸的其他几页讨论了一些纯粹的政治问题（激进党的一次会议），另外也有一些文学类的报道，里面充满着小说家们自鸣得意的论调（“我深爱着你……可你却一点都不爱我”）。如果没有此类话题来慰藉我们的情绪，我们很可能将陷入糊里糊涂的境地。而在其他的部分，此类混合报道仍在不断增加，它们勾画出了科学、政治、经济、法律、宗教、技术和小说之间的彼此纠结的情形。如果说阅读报纸是现代人的一种祈祷方式，那么今天，我会是一个很奇怪的人：我一边做着祈祷，一边读着这些杂合的报道。所有的文化、所有的自然，每天都在不断地重新组合并纠缠在

一起。

然而,似乎没有人发现这一问题。经济、政治、科学、论著、文化、宗教和地方事务,报纸的这些版面仍然保持不变,仿佛并没有什么反常的事情发生。最微小的艾滋病毒,将你的注意力从性转移到不省人事者,接着又到了非洲、组织培养、DNA 和旧金山,但是分析人士、思想家、记者和决策者将会把病毒所追踪的这一网络切割成很细微的薄片,然后我们就只会发现单独的科学、经济、社会现象、地方新闻、情感和性。按下毫不知悉的喷气按钮,你可能开始你的南极洲之旅,接着可能又到了欧文市(Irvine)的加利福尼亚大学、里昂雄伟的山脉、惰性气体化学,接下来,可能去了联合国, 【3】
但是这一脆弱的线索也可能会被分割为诸多琐碎的片段,就像是真的存在着诸多纯粹的学科一样。无论如何,这似乎是在向我们诉说:请大家不要将知识、利益、争议和权力混合起来! 请不要将天与地、全球性舞台与地方性场景、人类与非人类混合起来!“但是这种杂合体却在从事着这种混合性工作”,你可能会这样说,“它们将我们的世界编织到了一起”! 分析家的回应却是“假装它们都不存在吧”。他们已经用一把利剑将戈耳迪之结斩断[1]。车轭被斩断:有关事物的知识被放置到了左边;权力和人类政治被放置到了右边。

1.2 将戈耳迪之结重新系上

大约 20 年前,我和我的朋友们就一直在研究这些复杂的情形:我们生活于智力文化之中,但不知道如何为之分类。由于找不到一个更好的称呼,我们称自己为社会学家、历史学家、经济学家、政治科学家、哲学家或者人类学家。但是,对于这些庄严的学科标签,我们总是会加入一个限定词:

---

〔1〕 戈耳迪是希腊神话中小亚细亚佛律基亚国的国王,他曾将一驾马车置于宙斯神庙之中,并用绳索在车轭上打了一个非常复杂的死结,神谕凡能解开此结者,便是“亚洲之王”。后被亚历山大大帝挥剑斩开。——译者注

"科学技术的"。英美人士将之称为"科学论"(science studies)[1]或者"科学、技术与社会"(science, technology and society)。不管我们使用了什么样的称号,必要的时候,我们都会将精确知识与权力运作(我们可以称之为自然和文化)之间的二分割裂状态重新交织起来,从而试图再次系上戈耳迪之结。我们的身份并不一致,在科研机构中的职位也不尽相同,其中一半是工程师、一半是哲学家,我们属于"第三类知识分子"[2]('tiers instruits',Serres,1991),我们并没有寻求某种准确的角色定位,而只是选择在吸引我们的地方追踪这一杂合状态。为了能够在不同的情形中自由地来回穿梭,我们依赖于转译(translation)或者网络(network)这类概念。网络,比系统这一概念更加有韧性,比结构这一概念更富历史性,比复杂性这一概念更富经验性,这一观点将是我们摆脱这些错综复杂之情形的阿里阿德涅线团(Ariadne's thread)[3]。

然而,我们的工作并没有得到人们的理解,因为我们的批评者所使用的范畴将之割裂为三个部分,即自然、政治与话语。

当唐纳德·麦肯齐(Donald MacKenzie)在描述洲际导弹的惯性制导系统时(MacKenzie,1990);当米歇尔·卡隆(Michel Callon)在描述燃料电池的电极时(Callon,1989);当托马斯·休斯(Thomas Hughes)描绘爱迪生(Edison)的白炽灯灯丝时(Hughes,1983);当我在描述路易·巴斯德(Louis Pasteur)对炭疽热细菌所造成的改变时(Latour,1988b);或者当我在描述罗杰·吉耶曼(Roger Guillemin)对大脑缩氨酸的分析时(Latour and Woolgar,[1979]1986);批评人士认为我们是在谈论科学和技术。既然这些都是边缘性的话题,或者最多是纯工具性的、推断性思想的宣言,那些对政治或者精神感兴趣的人可能会觉得受到了不公正待遇,因为他们并没有
【4】 获得我们的关注。然而,这种研究并不讨论自然或者知识,不讨论那些自

〔1〕 关于"Science Studies"一词,国内存在诸多译法。本书采用日本和国内学术界的译法,即"科学论"。——译者注

〔2〕 塞尔斯用"tiers instruits"指代既拥有完备的科学知识,又具有良好的人文素养或文化素养的人。——译者注

〔3〕 阿里阿德涅是希腊神话中克里特国王弥诺斯的女儿,曾给其情人一个线团帮助其逃离迷宫。后来,"阿里阿德涅线团"常用来表示脱离困境的办法。——译者注

在之物(things-in-themselves),而是讨论所有这些事物被连接到我们的集体或者主体周围的方式。我们所谈论的并不是某些工具性思想,而恰恰是社会的本质。麦肯齐动员了整个美国海军甚至是国会来讨论其惯性制导系统;卡隆动员了法国电力公司(EDF)和雷诺公司以及法国能源政策的相关人士,以解决实验室中电极研究的相关困难;围绕着爱迪生灯泡的白炽灯灯丝,休斯对整个美国社会进行了重组;以巴斯德的细菌为线索,我们也可以洞见整个法国社会;如果不将大脑缩氨酸与一定的科学团体、设备和实践——所有这些累赘什物与方法、理论原则以及神经元之间都毫无相似性——联系在一起,我们也就难以理解缩氨酸。

"不过,能肯定的一点是,你们所高谈阔论的恰恰就是政治;你们不过就是将科学真理还原为了纯粹的政治利益,将技术的有效性还原为一种策略性的操控。"这是对我们的第二点误解。倘若事实并未占据我们出于崇拜而为之准备的一个既边缘又神圣的位置,那么它似乎立刻就可以被还原为纯粹的局部偶然性和拙劣的诡计。然而,科学论所讨论的并不是社会语境和不同社会力量之间的利益关系,而是它们与集体(collective)和客体之间的相互关联:海军的组织方式已经被其办公地点与武器弹药存放地点之间的关系所深深改变;法国电力公司和雷诺汽车公司之所以采取了完全不同的立场,这取决于它们是否对燃料电池或者内燃机进行了投资;使用电力之前与使用电力之后,美国成为了两个完全不同的国度;19 世纪的社会背景是否发生改变,这也取决于其社会中是否存在着大量的受细菌感染的弱势群体或者穷人;对于那些躺在分析者的操作台上并且丧失意识的人而言,我们对他们的描述,要以他们的干脑是否发出神经传递素或者他们的湿脑是否含有荷尔蒙为依据。我们的研究并不是重复使用社会学家、心理学家和经济学家关于社会语境或者主体的论述并将之运用到硬科学(hard science)之上——这就是我使用"集体"一词来描述人类与非人类之间的关系、用"社会"来指称集体之一部分的原因。当然,对后者而言,这种划分是由社会科学发明的。语境和方法也在不断地发生改变。在某些集体性的事物(这一观点是由我们所提供的)中,认识论者们不可能再确认其早期的概念和理论;与之类似,集体中充满着我们所展现的事物,在这些集体中,我们也不可能指望人文科学能够确认出其中早期混战状态下的权力游戏。与蜘蛛网相比，阿里阿德涅所编织的那个精致的网络更加难以洞察。

【5】 “不过，如果你们不是在谈论自在之物或者自在之人（humans-among-themselves），那么你们所谈论的一定是话语、表征、语言、文本和修辞。”这是对我们的第三点误解。是的，对于将外在的所指（referent）（自然之物）与说话者（现实或社会语境）区分开来的那些人而言，他们可能只是在谈论某些重要的效果或者语言游戏。但是，当麦肯齐在考察惯性制导系统的演变时，他所谈论的是一些能够将人类置于死地的装置；当卡隆追随科学文献中的线索时，他所谈论的不仅仅是修辞学，也包含了工业策略（Callon et al.，1986）；当休斯分析爱迪生的备忘录时，门罗公园的内部世界马上就变成了整个美国的外部世界（Hughes，1983）；当我描述巴斯德对细菌的证明时，我动员了19世纪的整个社会，而不仅仅是某些伟人们的著作；当我分析大脑缩氨酸的发明或发现时，我确实是在谈论缩氨酸本身，而不仅仅是它们存在于吉耶曼教授实验室之中的表征物。然而，修辞学、文本策略、文字、表现手法、符号——所有这些都是很重要的；但是在一个新的结构中，它们对自然事物和社会语境同时产生了影响，只不过，它们无法从这一个还原到另外一个。

我们的知识事业已经偏离正轨了。认识论、社会科学、诠释学——如果它们仍保持分离状态，它们也将各有其优势。如果我们正在从事的研究同时跨越了这三个领域，人们对此将会难以理解。如果为这三个既已确立的学科添加某些精致的社会技术网络、某些有趣的转译，那么，第一个团体将会扔掉我们的概念，并且将那些可能使之与社会或者修辞发生关系的根源弃而不用；第二个团体将会摈弃社会和政治维度，并且纯化所有的客体网络；最后是第三个团体，他们会保留我们的话语和修辞，但是会根除我们工作中任何与实在或者权力游戏相关的内容——对此，他们似乎有一种谈虎色变（horresco referens）之感。在批评者看来，我们头顶之上的臭氧层空洞、心中的道德律令以及那些独立的文本，从单独的角度看来，每一个都非常有趣。要想用一个精致的梭子将天空、工业、文本、灵魂和道德律令编织到一起——这不仅无法实现，而且也是不可理喻、不合时宜的。

1.3 批判立场(Critical Stance)的危机

批评家发展出了三条进路来对我们的世界展开分析:自然化进路(naturalization)、社会化进路(socialization)和解构主义进路(deconstruction)。在此,我们用 E. O. 威尔逊(E. O. Wilson)、皮埃尔·布尔迪厄(Pierre Bourdieu)和雅克·德里达(Jacques Derrida)——可能有点不公平——作为这三条研究进路的象征性代表。当威尔逊谈论自然化现象时,社会、主 【6】 体以及各种形式的话语都消失了。当布尔迪厄在分析权力场(fields of power)时,科学、技术、文本和活动的内容也都隐蔽不见。当德里达在讨论真理效应(truth effects)时,要相信大脑神经元或者权力游戏的真实存在,那将是一件非常幼稚的事情。每一种批评进路,就其自身而言,都非常强健有力,但都难以与其他两种相容。难以想象人们能够同时将臭氧层空洞视为自然化的、社会化的和解构性的现象。在一项研究中,如果现象的本质已经被牢固地确立,其中的权力策略也可以被预测,那么这项研究也就仅有一种意义效应(meaning effects),充其量只是投射出了对自然或者说话者的可怜的错觉。这是一个多么荒诞的大杂烩!只要认识论者、社会学家和解构主义者保持一定的距离,而每一种批判理论又能凭借其他两种理论的弱点来强化自己,我们就能够确认出这些不同的智识生活方式。我们当然可以赞扬科学,也可以扮演权力游戏,或者否定那些信奉实在之人,但是我们却难以将这三者(就像三种强酸试剂一样)融合到一起。

对我们而言,鱼与熊掌不可兼得。或者,在科学论领域内,我和我的同事们所追踪的网络是虚假的,而批评者又是正确的,他们将这些网络边缘化、片段化为三个截然不同的领域:事实、权力和话语;抑或是我们所描述的网络是真实的,它们确实也在这些伟大批评者之间架起了桥梁:不管怎么样,它们仍然既不是客观的也不是社会性的,亦不是话语的效应,即便它们具有真实性、集体性和话语性。或者,我们应该自行消失,因为我们总是在传播坏消息;或者,批判理论自身也面临着危机,因为它并不能容纳这些网络。是的,科学事实确实是被建构出来的,但是它们并不能被简单地还原为社会维度,因为这一维度中仍然充斥着许多客体,这些被动员起来的客体同时也在建构社会。是的,这些客体是真实的,但是他们看起来非常像社会行动者,以致他们难以被还原为由科学哲学家所发明的"外在"的实在。在这种双重建构——科学在建构社会的同时,社会也在建构科学——中的行动者是从一系列的实践中突现出来的,当然,对于这种实践,解构的概念并无多大用处。臭氧层空洞所属的社会性、依赖于话语者的主观性,决定了它难以被化归为真实的自然现象;工厂以及国家首脑们的策略也充满着化学反应,因此难以被简单地还原为权力和利益;对生态圈的讨论太过真实又太过社会化,从而难以将之归约为明确的意义效应。如果我们说网络既如自然般真实、又如话语般主观化,甚至如社会般具有集体性,我们是否错了?我们是为了研究它们而放弃所有这些批判性资源,还是在普遍意义上赞成这三种理论而停止对它们的研究呢?我们所试图展现的这些微妙的网络,似乎成为被伊朗、伊拉克和土耳其所分割的库尔德人:一旦夜
【7】幕降临,他们就溜过边境彼此联姻,而他们也梦想着能够建立一个共同的家园,从而从分裂他们的这三个国家中独立出来。

如果不是人类学家使我们习惯了直面这一天衣无缝的结构形式的话——即我所谓的"自然-文化",因为它或多或少地像是一种文化(参见4.5部分)——我们对此两难境地将束手无策。一旦人种志学者(ethnographer)投入到其田野调察的工作中,哪怕是其中最理性的研究者也完全可能将神话、种性科学(ethnosciences)、家谱、政治结构、技术、宗教、史诗和其所研究对象的某些特殊仪式等诸多类别填充到一本著作中。如果派他们去研究阿拉佩什人(Arapesh)或者阿丘雅人(Achuar),去研究韩国人或者中国人,他们也会将当地人对天及其祖先的看法、盖房子的方式以及种植山药、树薯或者大米的方法、政府组织方式及其宇宙论全部编织到一起。在海外人类学家的著作中,难以找到哪怕是一本将真实性、社会性和话语性分开的著作。

如果分析者是正确的,那么他们会对一些网络进行追踪调查。这些网络看上去非常像一些社会技术杂合体(sociotechnical imbroglios)——就如我们在自己的西方社会中研究细菌、导弹或者燃料电池时所描画出的那

样。我们也有杞人忧天的时候，也会将人们反对气溶喷雾剂的姿态与天的禁忌联系起来，也会不得不考虑法律、权力和道德，进而理解科学所告诉我们的有关高层大气化学的内容。

确实是如此，但我们并非野蛮不化。因此，所有人类学家都不会以那种方式来研究我们自身，也不能以这种姿态来对待我们的文化，抑或是我所说的自然—文化，就如在其他地方我们对其他文化的所作所为。为何？因为我们是现代人，我们的想法不再像以前那样天衣无缝，分析不能继续向前推进。对于传统的人类学家而言，并不存在，也不会存在，将来更不会存在任何一种研究现代世界的人类学(Latour, 1988a)。原始人的自然知识可能部分会与社会和话语联系在一起(Conklin, 1983)，科学却难以做到。这是因为当人种志学者出发到达热带研究其他人类时，虽然他们能够保持批判的头脑并与被研究对象保持一定的距离，却难以将这种研究方式运用到对其自身的研究中去。这三种批判理论赋予其自身以连贯性地重构前现代社会的能力，从而保护了自己。正基于此，我们才具备了成为人类学家的能力。

现在，对于这种两难境地的表述已经发生改变了。要么不对现代社会展开人类学的分析——进而，也正是缘于此，我们可以忽视那些声称能够提供某些社会技术网络的声音，要么对现代社会展开人类学分析，但不可避免的是我们需要对现代社会的定义做出改变。我们从一个非常局限性 【8】
的问题——我们为什么难以理解网络，人们为什么会忽视科学论的研究——过渡到了一个更加宽泛的、更加经典的问题：成为一个现代人意味着什么？前辈们对我们所指出的构成了整个世界的网络表现出了惊奇之态，但在这种惊奇的背后，我们发现了人们仍未理解的人类学的根基。幸运的是，我们从几个大事件中获得了帮助，这些持批判观点的小鼹鼠们，终于葬身于自己的洞穴之中。由于所发生的这些事件，处于转折之中的现代社会变得更加容易接受人类学的考察。自从德·盖尔芒特夫人(Madame de Guermantes)举办她的宴会以来，我们就已经知道，对于文化层的知识分子而言，仿佛经历了犹如“一战”一样的大灾难，他们多多少少地改变了习惯，开始向圈外的那些暴发户们敞开了自己的大门。

1.4 1989:奇迹之年

岁月之河一如既往地流淌着,但1989年却似乎是非同寻常的。对于今天的我们而言,柏林墙的倒塌意味着社会主义在德国的落幕。标榜自由的西方世界难掩其喜悦之情,它成为了冷战的胜利者。

然而,这种胜利也只是昙花一现。在巴黎、伦敦和阿姆斯特丹,第一届全球国家会议也见证了1989这一特殊之年:某些观察人士认为,这象征着资本主义的终结,也代表着它试图全方位、无限制地征服自然计划的破产。资本主义试图将人与之人间的剥削重新界定为人对自然的剥削,但它却同样将两者无限制地夸大了。被镇压者又回来了,同样带着复仇的愤怒:那些理应被解救从而摆脱死亡的群众,现在却成千上万地坠入了贫困的深渊;自然,那理应被我们所完全掌控的自然,现在却以同样的方式在全球范围内支配着我们、威胁着我们。又是一个奇怪的辩证法:过去的奴隶成了人类的所有者和支配者,它突然向人类宣称——正是你们招致了生态的灭绝和全球性的饥荒。

【9】柏林墙的倒塌与可无限征服的自然的终结这两者之间是多么完美的对称,只有那些富人们的西式民主才看不到这些。那些强大的西方国家能够通过摧毁其他国家并将其人民推入赤贫的深渊,来挽救自己的人民和乡村。因此,这是一个双重惨剧:前社会主义国家以为可以通过模仿西方社会来解决它们的这两个问题;西方世界认为它已经摆脱了这两个问题,并坚信为其他国家提供了榜样,尽管它使地球及其人类陷入困境。西方世界认为它是世界上唯一的聪明人,并认为这会使得它无限地获得成功,殊不知它很可能已经失去了一切。

看到了吧,最美好的愿望也都误入歧途,我们这些西方世界的现代人多少应该丧失了一点自信心吧。难道我们尽力所做的不正是要终止人类对人类的剥削吗?难道我们穷力而为的不正是要成为自然的主人和所有者吗?我们那高贵的品行在这两个孪生使命中表露无遗,一个是在政治舞台上,另外一个是在科学和技术的领域之中。然而,我们也应该回忆一下我们的青年时代，尽管狂热不已但也不是傻子，就像德国的年轻一代望着他们双鬓斑白的父母，并且问："我们过去错在哪里？我们可以说连自己也一无所知吗？"

美好的愿望并不就具有合理的依据，对此的怀疑使我们不得不对此作出回应，这些回应包括以下两种方式：有人认为，我们无须竭尽所能地去终结人与人之间的剥削关系；其他人则认为，我们必须停止对自然的奴役。但他们却有着共同的心声：让我们成为绝对的反现代主义者吧。

人们的这两种回应表明了他们所持有的仅仅是一种不完备的怀疑主义，而后现代主义，从一个不同的理论制高点出发，对此进行了恰当却又含糊的总结。后现代人并不相信社会主义和"自然主义"这两种承诺；当然，后现代人也非常谨慎，他们对之也并不是全盘否定。他们在信念与怀疑之间保持中庸，期待着千年盛世的终结。

最后，对于那些拒绝生态学之蒙昧主义或者反社会主义之蒙昧主义的人而言，对于那些无法满足于停留在对后现代持怀疑态度的人而言，他们决定继续前行，似乎一切都未改变，他们坚决地坚持现代性，他们继续坚信科学的承诺或者解放事业的承诺，抑或是同时相信两者。然而，在艺术、经济学、政治学、科学或者技术领域，他们对现代化的信仰看起来却似乎并不具有多少合理性了。在艺术长廊和音乐大厅，不管是从建筑物的外观还是从国际组织的内部结构来看，人们都可以感觉到这种内核已经不存在了。成为现代人，这一愿望似乎也踯躅不前，有时甚至显得落伍了。

不管我们是反现代的、现代的还是后现代的，从 1989 奇迹之年的双重 【10】
崩溃来说，我们的立场都是成问题的。不过，如果我们将 1989 年准确地视为一种双重崩溃并顺着思想的线索继续摸索前行，我们就会发现这种双重崩溃实际上也给了我们两个教训，而且它们之间的完美对称性使得我们能够用一种新的眼光来回顾往昔。

那么，如果我们从未现代过，会发生什么呢？接下来，比较人类学将应运而生，网络也将占据一席之地。

1.5 成为一个现代人意味着什么

对于现代性这一概念而言，每个思想家或者新闻记者都有其不同的视角，然而，不管以何种方式来界定这一概念，他们最终都指向了时间维度。就时间而言，“现代的”这一形容词所指称的是一种新的控制形式、一种加速前进、一种割裂，也是一场革命。但是，当“现代的”、“现代化”和“现代性”这些词语出现时，我们的目的却恰恰相反，我们用之界定那陈旧而又牢固确立的过去。而且这些词语总是会陷入争执与吵闹的泥淖，胜利者和失败者、古代人和现代人拥挤其中。因此，毫无疑问，“现代的”具有双重的不对称性：它既指对时间之正常通道的一种割裂，也指那场充斥着胜利者与被征服者的战斗。如今，如果我们同时代的许多人都不愿意使用这一形容词，如果我们使用了诸多前置词来修饰它，这是因为我们对自己是否有能力来维持这种双重的不对称——我们无法继续指向那不可逆转的时间箭头，更不会对胜利者予以褒奖——丧失了信心。在无穷无尽的争吵中，古代人和现代人互有胜负，但是我们仍然无法确认革命是否已经将那些古老的机制终结抑或是使之实现。因此，怀疑主义就获得了一个奇怪的称呼——“后”现代，即便连它自己都不知道是否有能力接替现代。

别走得那么快：我们需要反思现代性的定义，并解释后现代性的一些特征，还要理解我们为什么不再全身心地去信奉那支配与解放的任务。为了给予科学和技术的网络以一席之地，我们是否有必要穷力而为呢？是的，理当如此，穷力而为。

本书的前提是，“现代的”所指谓的是两组完全不同的实践形式，而且如果要想使其发挥效用，我们就必须要对之进行鉴别。而最近人们却将之混淆起来。第一组实践形式通过“转译”将两种完全不同的存在形式——自然和文化——混合起来。第二组实践形式通过“纯化”(purification)创造
【11】了两种完全不同的本体论领域：人类与非人类。如果没有第一组实践，纯化实践将是无效的、无意义的。如果没有第二组实践，那么转译的工作也很可能会减慢速度并且缩小范围，甚至可以忽略不计。第一组实践与我所

谓的网络相对应；第二组实践我将称之为现代的批判立场（the modern critical stance）。举例而言，在高层大气化学、科学和工业策略、国家首脑的当务之急以及生态学家们的忧虑之间存在着一条连续性的链条，第一组实践就与此相关；而第二种实践则将一个自在的自然界与一个充满着可预测的、相对稳定的利益与风险的社会分割开来，将独立于此两种参考系的话语与社会分割开来。

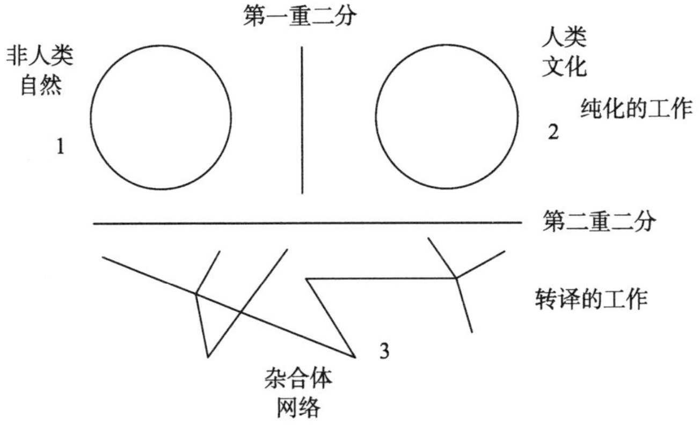

图 1.1 **纯化与转译**

只要我们将转译和纯化这两种实践割裂开来，那么，我们就成为了真正的现代人——这就是说，我们会欣然同意批判方案，即便这一方案仅仅是通过下半部分的杂合体的增殖而发展起来的。而一旦我们将注意力同时直接投射到纯化与杂合的工作之中时，我们立马就剥离了纯现代人的身份。这是因为当我们回望过去时，我们会意识到在过去某一特定历史时期中，这两组实践一直都在起作用。最后，如果我们确实从未现代过——至少在此批判的意义上——我们一直力求维持的与其他的自然—文化之间的关系很可能也将发生改变。相对主义、统治或支配、帝国主义、错误的意识、融合——人类学家将所有这些问题归结在“伟大分界”（great divide）这一松散表达的术语之下——它们都将获得不同的解释，进而，比较人类学 【12】
也会发生改变。

转译或者转义的工作，与纯化的工作之间存在着何种联系呢？这正是我要解释的问题。我的前提——这一前提还太过粗糙——是后者使得前者成为了可能：我们越是强迫自己不思考杂合体，它们之间的杂合状况就会越严重——这就是现代人的悖论，我们发现自己处在了一种异常情形之中，还好最后我们抓住了一根救命稻草。第二个问题与前现代和其他的文化类型相关。我的前提——同样也是太过简单——是由于其他文化的全部精力都用在了杂合体之上，它们也就排除了杂合体的增殖。正是这种差别可以解释他们(其他的文化)与我们(西方人)之间的伟大分界，并且也为我们最终解决相对主义的问题找到了一条道路。第三个问题与当前的危机相关：如果现代性非常有效地完成了其双重任务，即分裂(separation)和增殖，那么，为何如今却又要试图阻止我们成为一个现代人从而削弱自己呢？因此，最后的问题来了，这也是最难的一个：如果我们不再是现代人，如果我们不再将增殖的工作与纯化的工作分离开来，我们将会成为什么人呢？如果没有现代性，启蒙运动可能发生吗？我的尚显粗糙的前提是，我们将不得不放慢脚步，通过对怪物之存在进行官方的表征，从而重新矫正和调整增殖的任务。是否需要一种新型的民主？一个扩展到万物范围内的民主？为了回答这一问题，我将对前现代人、现代人甚至是后现代人分别予以阐述，以期区别其长久以来的根本特征。

我很清楚，对于这样一本简短的著作而言，需要解决的问题太多了。正如尼采(Nietzsche)所说，思考复杂的问题，就像是洗冷水澡，你必须很快地跳进去，再很快地跳出来。

2 制　度

【13】

2.1 现代制度

现代性通常都是以人类主义(humanism)为基础进行界定的,当然,有的定义是为了庆祝"人"的诞生,有的则是为了宣告"人"的终结。但是,这一惯例本身就是现代式的,因为它保持了一种不对称性。它忽视了"非人类"——物,或者客体,或者兽类——的同时诞生,让人同样感到奇怪的是,上帝从一开始就被搁置,他成了局外人。现代性最初也是与那三种实体一起诞生的,后来,它才掩饰了这种孪生关系并且对其他三种共生体进行了区别对待。当然,虽然不是非常明显,但是作为这种区别对待的后果,杂合体也在持续不断地增殖。我们必须重构出这种双重分裂:一方面是人类与非人类之间的分裂,另一方面是天堂与尘世之间的分裂。

我们可以将这一分裂跟司法系统与政府执行部门之间的分割进行一番比较。这种分割可能无法说明各种复杂的层次关系、交叉影响以及法官与政客之间不断商谈的过程。但是,凭此否认这种分割的效用也是有失公允的。在自然界与社会之间的现代分裂也具有同样的制度特征,当然也存在着一个区别:直到今天,从未有人将科学家和政治家放到一块进行研究,这可能是因为对于此种研究而言,并不存在一个具有核心地位的有利位置。在某种意义上,对于这种双重分裂的最根本的信仰已经确立起来,进而这种分裂被视为本体论上的双重差异。只要人们能够勾画出一个对称性的空间,进而重新确立人们的共同理解,并以此将自然力和政治力之间的分裂组织起来,人们就立马可以从现代的牢笼里走出来。

【14】 就像我们在谈论美国宪法[1]修正案时一样,一般而言,人们将用以界定这种理解和分割的公共文本称为一部宪法。是谁起草这一文本呢?对于政治性宪法而言,这一任务落到了法理学家和开国元勋的肩上,但目前他们的工作仅仅完成了三分之一,因为他们舍弃了科学的力量和杂合体的工作。对于物的自然界而言,这是科学家们的任务,不过他们同样也仅仅完成了三分之一,因为他们似乎假装忽视了政治的力量,而且甚至是在他们不断制造杂合体的时候,他们也还是否认了杂合体的作用。对于转译的工作而言,书写制度的工作,需要由那些以上文所勾画出的奇特网络为研究对象的人来承担。但是科学工作者仅仅完成了契约的一半,因为他们并没有解释那些在其上展开的、并为杂合体的增殖提供说明的纯化的工作。

谁将完成整个制度的构建呢?人类学的专长就在于快速处理任何问题,只要这些问题涉及了异质集体。事实上,正如我们所看到的,每一位人种志学者(ethnologist)都能够在一本单独的著作中讨论有效力量的定义,力量在人类、神和非人类之间的分配,达成共识的程序,宗教与权力之间的关系,祖先,宇宙论,财产权,植物和动物的分类学。很显然,人种志学者不会分开写三本书:一本讨论知识,一本讨论力量,还有一本讨论实践。他们只会单独写一本,就像菲利普·德斯高拉(Philippe Descola)所做的那样:在其名著(Descola, [1986]1993)中,他试图总结出生活于亚马孙地区的阿丘雅人的制度。

> 然而,尽管通过在驯服自然过程中的符号网络,阿丘雅人仍未彻底征服自然。当然,文化领域是无所不包的,在其中,我们发现了动物、植物和灵魂(其他印第安社会将之放入到自然的领

---

[1] constitution一词在法语和英语中,有"宪法"和"制度"两层含义。本小节中,拉图尔以文本性的"宪法"引出对抽象制度的讨论。因此,constitution在此处翻译为宪法,在本书其他地方翻译为"制度"。可参见译者后记中对此的解释。——译者注

域)。因此,阿丘雅人并没有面临在两个封闭的、无可挽救的对立世界——人类社会的文化世界与动物社会的自然世界——之间的矛盾境地。不过,某个时候这种社会关系准则的连续性可能会轰然倒塌,其结果对人类而言就是一个无情而又陌生的野蛮世界。与文化领域相比,这一小片的自然领域似乎微乎其微,其中所包含的一整套物之间的交流也难以确立。在被赋予了语言能力的对立性存在之中,[aents],人类是其最完美的化身,他们确立了物的世界,而后者被剥夺了发言的权力,成为了一个平行的却又难以接近的世界。交流能力的丧失通常会被归因于灵魂的缺失[wakan](灵魂能够影响特定的生物类型:大多数的昆虫、鱼、家禽和大量的植物),这进一步导致了一种机械的、无意义的存在。但是,有时候交流的缺失却是距离的结果:星星和流星的灵魂,鉴于其距离太过遥远,而且也变动不居,因此,它们无法对人类的语言作出反应。[P.399] 【15】

如果现代世界的人类学还有其存在之必要性的话,那么其任务也将在于以同样的方式描述政府的各个分支机构是如何组织起来的(当然对自然和自然科学的各个部分也要进行描述),并且要解释这些分支机构是如何以及为什么发生分离,同时也要说明那些将它们联结在一起的各种措施。人种志学者必须要在公共场点中承担起自己的任务,因为在那里散布着各种角色、行动和能力——所有这些使得人们能够将一种实体界定为动物或者物质和其他的自由行动者;一种被赋予了意识,一种是机械性的,还有一种则无意识且能力低下。人种志学者甚至要在物质、法律、意识和动物灵魂的不同定义方法——或者非定义方法——之间进行比较,同时避免将现代式的形而上学作为其立足点。正如法律领域的宪法界定了公民和国家的权利与义务、司法体系的运转和权力的转译一样,这一制度(Constitution,我使用了一个大写的字母C,目的在于与政治性的宪法作出区分)也界定了人类与非人类,界定了他们的特性和关系、他们的能力和编组过程。

如何描述这一制度呢?17世纪中叶正是此制度形成的初期阶段,当时在自然哲学家罗伯特·波义耳(Robert Boyle)和政治哲学家托马斯·霍布斯(Thomas Hobbes)之间就科学力量与政治力量的分配发生了一场激烈的争论,我将以此为例来集中讨论这一问题。如果没有一本非常优秀的著作对社会语境以及(脱离了社会语境的)自然这两者之间的双重创造进行透彻分析的话,我的这一选择将是武断之举。我将以波义耳和霍布斯以及他们的后人和追随者为线索对这一段漫长的历史进行简单的总结——我在此无法完整地回溯这段历史,或许其他更有学识的人会乐于承担这一任务。

2.2 波义耳及其客体

史蒂文·夏平(Steven Shapin)和西蒙·沙佛(Simon Schaffer)的著作(Shapin and Schaffer,1985)为以科学为严肃对象的比较人类学的发展,确立了良好的开端。乍一看,这本书似乎只是为科学论(science studies)领域之中爱丁堡学派(Edinburgh School)的那一口号(Barnes and Shapin,1979;Bloor,[1976]1991)、为科学的社会史研究中的那一伟大著作(Shapin,1982)、为知识社会学(Moscovici,1977)提供了一个例证:“认识论的问
【16】题也就是社会秩序的问题”。如果我们将分属于此两个领域——作为一方面的哲学领域与作为另一方面的社会学或者政治学领域——的问题割裂开来,那么,我们将无法对其中的任何一类问题作出公正的判断。但是,夏平和沙佛将此一般性的纲领发挥到了极致——首先是考察了在认识论和社会学之间的这种分裂的历史开端;接着,部分是无心插柳柳成荫:他们彻底取消了在对科学的解释过程之中社会语境的优先权。

> 我们并没有将政治视为仅仅发生在科学外围的某种东西,而是认为,它能够影响科学的内部。(波义耳所建立的)实验共同体不遗余力地推进并且向人们展现这种分界宣言(boundary-speech)。我们需要做的是将这些宣言放回到具体的历史情境之中,并且解释这种习惯性的宣言得以发展壮大的原因。如果我们

> 想认真对待此考察的历史本性的话，我们就不能不假思索地将这些行动者的话语当做解释资源。语言是如何使得政治从科学中脱离出来的呢？这正是我们需要理解和解释的问题。当前科学史领域的流行观点是尽量不要谈论科学的“内部”和“外部”，而我们发现，我们已经站在了这些观点的反面，我们既已克服的正是诸如此类的老套话。还差得远呢，我们甚至都还未开始理解相关问题。我们仍然需要做的是理解分界-约定(boundary-convention)是如何发展起来的，根据所记数据，科学行动者如何根据其自己的(不是我们的)边界来定位其术语，并且，他们是如何根据这些如此定位的术语来采取行动的。我们不应该将任何的分界体系看做是所谓“科学”的自明属性。(Shapin and Schaffer, 1985, P. 342)

在这一长段文字中，作者并没有表明英格兰的社会语境如何证实了波义耳物理学的发展和霍布斯数学理论的失败。他们触及了政治哲学的根基。他们并没有“以他们的社会语境来定位波义耳的科学工作”或者展示出政治影响科学教条的方式，而是考察波义耳和霍布斯为了制造出一种新的科学、一种语境、一种两人之间的分界而进行的斗争。他们并不是想利用社会语境来解释科学的内容，因为在波义耳和霍布斯达成其各自的目标并解决其分歧之前，并不存在这种新的方法。

夏平和沙佛著作的魅力在于他们成功地发掘了霍布斯的科学工作(这些工作一直被政治科学家们所忽视，因为这位英雄的狂野的数学想象力令他们感到局促不安)并且唤醒了人们对于波义耳的政治理论的记忆(科学史学家们对此也采取了忽视策略，因为他们倾向于掩盖其英雄在组织方面的成就)。夏平和沙佛并没有试图使用一种不对称的方法将科学归属于波义耳，而将政治理论分配给霍布斯；相反，他们勾勒出了一个完美的四分 【17】
仪：波义耳拥有一种科学和政治理论，霍布斯也拥有一种政治理论和科学。如果这两位英雄式的思想家相差十万八千里的话——例如，假设一位是追随帕拉塞尔苏斯(Paracelesus)的哲学家，而另一位则是博丹(Bodin)风格的立法者[1]——这一四分仪也就没有多大意思了。然而幸运的是，他们两人几乎在所有事情上的看法都相当一致。他们渴望一位国王，希望建立议会以及听话而又统一的教会，他们同时又是机械论哲学的狂热信奉者。但是，尽管两人都是彻底的理性主义者，他们的分歧还是从人们可预想到的地方，从实验、科学推理、政治论证、最重要的也是从这一段历史中真正的英雄——空气泵(air pump)中迸发出来。尽管他们在其他任何事情上都保持一致，但是他们之间的分歧，足以使之成为实验室中理想的实验材料、成为新人类学家完美的果蝇。

波义耳非常谨慎地避免讨论真空泵(vacuum pump)。如果将水银试管倒置于装有水银的容器中，那么在试管上方会形成托利拆利空间(Toricellian space)，这一发现引起了很大的争议。波义耳在对这些争论进行条分缕析之后，宣称他并未偏袒实空论者(plenist)与虚空论者(vacuist)争论之中的任何一方，并且在此公正的前提之下测量了空气的重量。波义耳(模仿奥托·冯金·盖里克[Otto-von-Guericke]的做法)研制出了一种仪器，使用这种仪器能够永久性地将空气从一个透明的玻璃容器中抽出来。对当时而言，鉴于成本、制造的复杂度和新颖度，这相当于现代物理学中的一个重要设备。这已经是大科学(Big Science)了。波义耳的设备具有一个最大的优点，即在一系列构思巧妙的封闭空间和容器的帮助下，它们能够使观察者看到玻璃试管内部的情况，并允许人们引导甚至控制实验的发展。由于空气泵的活塞、厚玻璃容器和垫圈并不能满足实验的要求，因此波义耳不得不将技术研究推进了一大步。例如，要保证能够完成他所最关心的实验——在真空中嵌入另外一个真空，他将托利拆利试管放入到一个封闭的空气泵的玻璃壁之内，并由此在倒置的试管顶端得到了一定的初始空间。接着，在一个研究空气泵的技术人员(当时的人们并不知道这一技术人员的存在[Shapin，1989])的帮助之下，他通过增加空气压力，从而使水银柱的水平面下降，直到接近水银盆中的水银平面。波义耳进行了十几次实

---

[1] 帕拉塞尔苏斯(Paracelesus)为16世纪德国的炼金术哲学家，博丹(Bodin)为16世纪法国的政治哲学家。——译者注

验,来探测其对手所假设的以太风是否存在,并对大理石气缸内部的黏附力、小动物窒息实验甚至是蜡烛熄灭实验进行解释——这些实验在18世纪室内物理学(parlour physics)的影响之下逐渐流行起来。

恰值英国内战正酣之际,波义耳选择了一种为古老的学术传统所不齿的论证方式(或者说一种观点)。基于下述信念,波义耳及其同事放弃了必 【18】 然性推理(apodeictic reasoning)的确定性。这种信念的目的并不是为了讨好那些很容易轻信的观众的想象力,而是成为了一种获取同行支持的新机制。波义耳并没有将其研究奠基于逻辑学、数学或者修辞学的基础之上,而是依赖于一种准司法性的隐喻:在实验场地获得可靠之人、可信之人甚至是有钱人的证言,就可以证实事实的存在,即便人们并不了解这一事实的本质。这样,波义耳发展出了时至今日仍在发挥作用的经验主义风格(Shapin,1984)。

波义耳并非试图在学术观点上争取这些绅士们的支持,而仅仅是令其观察在封闭的并被特别保护的实验室内产生出来的人工现象(Shapin,1990)。具有讽刺意味的是,建构主义的关键问题——事实是否完全在实验室中建构出来(Woolgar,1988)——却恰恰是由波义耳提出并且解决的。是的,事实确实是在实验室的新设备中,在通过使用空气泵所进行的人工干预中被建构出来的。技术人员屏住呼吸,小心翼翼地操作着那透明的、封闭的抽气泵,泵中倒置着托利拆利试管,而且试管中的水银平面确实下降了。"事实是被制造出来的"(Les faits sont faits),加斯东·巴什拉(Gaston Bachelard)如是说。但是,事实是因为如此才被人为地制造出来的吗?绝对不是。对于波义耳而言,跟霍布斯一样,他将上帝的"建构主义"扩展到了人类身上。上帝是全知的,因为他创造了一切(Funkenstein,1986)。我们知道事物的本性,是因为我们在一个完全可控的环境之下制造出了它们。鉴于我们将知识局限于事实的工具化本性并把因果解释搁置一旁,我们的弱点反倒成了优势。波义耳又一次将缺陷——我们所得的仅仅是在实验室中被创造出来、并且仅仅是具有局部价值的事实——转变为了具有决定意义的利器:不管在理论、形而上学、宗教、政治抑或是逻辑领域发生了多么翻天覆地的变化,这些事实永远都无法改变。

2.3 霍布斯及其主体

霍布斯拒绝承认波义耳的任何证据。如波义耳一样，霍布斯也希望尽快结束内战，希望废除教士以及类似人员对圣经的自由解读权。不过，他的目标是实现国家的统一。按照契约——世俗上帝，以不朽上帝的名义，赐予我们和平，并保护我们(Hobbes，[1651]1947，p. 89)——所产生的主权者(Sovereign)，仅仅是人们的代表。“因为唯一人格(person one)是由代表
【19】者的统一体而不是被代表者的统一体造就的”[1](p. 85)如其所言，霍布斯着迷于经公民授权的代理者所组成的统一体。这是因为这种统一体并不是超验的。内战将会持续下去，只要还存在着超自然的实体。而公民们又认为当他们为世俗世界的权威所迫害时，他们有权利向之请愿。如果所有人都能够向上帝直接请愿或者可以任命他们的国王，那么古老的中世纪社会的——对上帝和国王的——忠诚将一去不返。霍布斯的目的是将所有对高于世俗权威的诉求清扫出去。他想重新发现一个完整的天主教社会，同时又要切断任何可能的通向神圣超验性的道路。

对霍布斯来说，权力就是知识，也就是说，如果想要终止内战，就只能允许一种知识、一种权力的存在。这也就是《利维坦》一书的大部分章节都被用于诠释旧约和新约(Old and New Testaments)的原因。国内和平的最大威胁之一就是来自于对无形之体的信仰，如精神、幽灵或者是灵魂，人们利用这些无形之体来反对世俗权力的决断。当安提戈涅(Antigone)宣布将孝悌之情置于克里昂(Creon)的“国家理性”之上时，她实际上已经陷入了危险之境；对包括平均派(Levellers)和掘地派(Diggers)在内的平等主义者们而言，当他们试图通过采取确实有效的行动并且凭借对《圣经》的自由解读来反对其合法的国王时，他们的境地更加凶险。惰性物质和机械物质会对国内和平产生本质性影响，就像是对圣经所进行的纯符号解读一样。

---

〔1〕 此处参考了黎思复、黎廷弼先生的译法。参见：霍布斯著．利维坦．黎思复，黎廷弼译．北京：商务印书馆，1985。——译者注

从这两个例子可以看出，理所当然，我们要不惜一切代价，以规避不同派系借助于一个更高同时又不能被主权者所完全控制的实体——自然或者上帝——来为其服务的可能性。

这种还原论（reductionism）并不会导致极权国家的诞生，霍布斯反而将之运用到了共和体制自身：主权者仅仅是由社会契约所指定的一个代理者。对于主权者而言，并不存在一个神圣的法律或者更高层次的力量，主权者可以利用它们为其统治服务并祛除利维坦。在这一新的体制之中，知识与权力等价，万物被世俗化为主权者、上帝、物质、大众。霍布斯甚至未曾利用他的国家学说来召唤超验性的降临。他并不是通过观点描述、观察或者启示来得出其科学结论的，而是采取了数学证明的方法，这也是能够博取所有人之信任的唯一方法。霍布斯并没有采取柏拉图的哲学王式的论证方式，也就是说，他的证明并不是靠超验的推演展开的，而是使用了一种纯粹的计算工具、一种超前于其时代的计算机——机械脑（mechanical brain）。甚至是著名的社会契约，也仅仅是所有那些试图将自己从自然王国中解放出来的公民们的立时而又共时性的数学统计集合。这就是霍布斯更具一般意义的建构主义，其用意在于终结内战：不存在任何超验性、不存在诉诸上帝的可能性，同样，也不存在任何具有主动性的物质、任何君权神授的力量，甚至是纯粹的数学理念。

现在，霍布斯和波义耳的正面冲突，已是万事俱备而只欠东风了。在 【20】
霍布斯精简了政府机构并对之进行重组之后，皇家学会（Royal Society）却又将他的这些改造归于无形：他招致了某些绅士的反对，他们大声疾呼，国家都无法凌驾于实验室之上，而且，在这样一个封闭的空间内，他们有独立表达意见的权利。这些争议人士竟然发现他们之间存在着某种共识，当然这种共识并不是基于某种任何人都必须接受的数学证明，而是建立在实验的基础之上，尽管这些实验是由并不可靠的感官所观察到的，尽管它们难以被解释并且也不具有决定性的作用。更糟糕的是，这一新的小圈子将他们的关注重点聚焦在空气泵上，而空气泵却又将非物质体——真空——请了回来。他们似乎嫌霍布斯在清除幽灵和精神的过程中所遇到的麻烦还不够！正如霍布斯所担心的：现在，我们又陷入了另一场“内战”之中！这次，我们的对手不再是那些以他们对上帝和实物财产的个人解释为名而反对国王权威的平均派和掘地派了（他们已经被彻底消灭），我们现在所面对的，竟然是这些新的学术派系！他们试图借助于完全制造出来的实验室事实，从而以自然之名来挑战任何人的权威。如果你承认实验能够产生出自己的事实，如果允许真空渗入到空气泵之中，进而从那里进入到哲学之中，那么你将再次打破权威：非物质的精神将会向失败者提供一个申诉法庭，从而煽动大家起来造反。知识和权力再次被分开。正如霍布斯所说的，现在的世界将是一个充满着二象之见（see double）的世界。这就是他在谴责皇家学会现状的过程中，对国王提出的谆谆告诫。

2.4　实验室中的转义

对霍布斯实空论的这种政治学解读，并不能为夏平和沙佛著作中所要进行的比较人类学的研究提供一个坚实的基础。这是任何一位优秀的思想史学家的分内之事。不过，在三个具有决定意义的章节之中，我们的作者将知识史撇于一隅，将阵地从观点和论证的世界转移到了实践和网络的王国。在科学论领域，所有那些专属于上帝、国王、物质、圣迹和德性的思想，现在第一次被转译、转录，并且不得不进入到了仪器制造工作的实践之中。在夏平和沙佛之前，有很多科学史学家已经研究过科学实践，也有很多科学史学家研究了科学的宗教、政治和文化语境。但是，在他们之前，却从未有人能够同时将此两者结合起来。

基于已经毫无争议的事实，绅士们毫不吝啬地、一边倒地将赞赏赋予
【21】了波义耳，这样，他也就成功地将其蹩脚的空气泵转变为人们的赞同。这样，夏平和沙佛需要做的就是，解释那些有关国家、上帝及其圣迹、物质及其力量的讨论是如何并且为什么能够通过空气泵而发生转译的。对于那些试图为科学寻求语境论解释的人们而言，他们从未解开过这一谜题。语境论者们有一个基础性原则，即社会宏观语境是存在的——英格兰、王朝冲突、资本主义、革命、商人、教会——而且，对于有关物质、空气弹性、真空和托利拆利试管的“思想”而言，这种宏观语境可能会以某种方式影响之、

构成之、反映之、回应之抑或是规训之。但是他们从未解释过上帝、国王、议院之间是如何先天性地建立起某种联系的，而且，当技术人员操作曲柄从而将泵内透明、封闭空间中的空气抽出时，为什么有些鸟会出现窒息现象，他们也未予以解释。鸟的经验是如何转译、取代、传输、歪曲其他所有争论的呢？在此意义上，是不是可以说操作空气泵的那些技术人员同时也在操作着国王、上帝和整个语境呢？

事实上，霍布斯千方百计地想规避任何与实验工作有关的事情，但是，波义耳却用一系列烦人的与机器的裂缝、衬垫和曲柄相关的细枝末节，来推动着争论的进展。同样，科学哲学家和思想史家们也都极力避免实验室，它就像是一个令人厌烦的厨房，里面的繁杂琐事会使概念毫无施展之机(Cunningham and Williams, 1992; Knorr, 1981; Latour and Woolgar, [1979]1986; Pickering, 1992; Traweek, 1988)。夏平和沙佛则将其分析奠基于客体之上，如空气泵上某一特定的裂缝或者一个特殊的衬垫。制造客体的实验找回了其被现代的批判立场所剥夺了的地位，再次成为支配性的研究领域。这本书是一部经验性的著作，因为它采取了一种考古学的方法来研究诞生于17世纪的实验室之中的新客体，而且，它并不仅仅是经验性的，因为它向我们展示了极其丰富的细节。像伊恩·哈金(Hacking, 1983)一样，夏平和沙佛采用了一种准人种志的(quasi-ethnographic)研究方法，这正是今天的科学哲学家们所最欠缺的：他们表明了科学的现实基础。不过，他们并没有谈论永恒的、自在的实在，而是将其讨论锚定在了工作室中科学之无可争议的真实的实在之上。

实验进展并不顺利，空气泵漏气了，必须进行修补。那些无法解释客体是如何进入人类集体之内的研究者，即便是在分析了客体所要求的所有操作和实践之后，他仍然不是人类学家，因为从波义耳的时代至今，他们根本就从来未曾明白过文化的最基本构成为何物：我们生活于共同体之中，这种共同体的社会联系产生于实验室内所制造出来的客体，必然性真理被可控的信念所取代，普遍性的论证被同行集体所取代。霍布斯所要极力恢复的迷人的秩序，被私人领域的操作所取代。在这样的私人领域中，人们 【22】
都承认事实的起源是超验的——事实虽然是由人类制造出来的，但这并不是某一个人就能创造的；事实可以被解释，但不具备因果性。

社会如何才能和平共处呢？霍布斯如是问，而且还有点义愤填膺，难道就是因为可悲的事实基础吗？令霍布斯更为恼火的是关于现象尺度的相对变化。波义耳认为，关于物质和神圣力量的问题是大问题，而且这要服从于实验的解决方案，当然这一方案可能并不是很全面，但张弛有度。现在，出于第一哲学上的本体论理论和政治理论，霍布斯拒绝了真空的可能存在。他继续坚持不可见的以太的存在，而且认为它必将为人们所发现，甚至是当波义耳的雇员们紧张得气喘吁吁以致无法继续操作空气泵时，也是如此。换句话说，霍布斯的“宏观”论证——论证本体论是多余的，论证人们对真空的接受是政治性的——同样需要一个宏观的答复。现在，波义耳又是如何回应的呢？与之相反，波义耳使得实验更加复杂，他用一个检测器（仅仅是鸡的一根羽毛）来向人们表明以太风是否真的在发挥作用，而以太风恰恰是霍布斯所假定的用来取消其对手理论之有效性的工具(Shapin and Schaffer，1985，p.182)。荒谬之至！霍布斯提出了一个根本的政治哲学问题，而他的理论却被波义耳府邸中那玻璃容器之内的羽毛所否决！当然了，羽毛丝毫未动，借此，波义耳得出其结论：霍布斯错了，并不存在什么以太风。然而，霍布斯并没有错，因为他只是坚持认为，除非是在作为整体的共和国的尺度上，其所讨论的现象将无法被构造出来。他所否认的正是那些将成为现代力量之最根本特征的内容：关于规模（scale）和位置的变化，实验室研究的工作就早已指出了这一点(Latour，1983)。波义耳成为了一个新的靴猫剑客（Puss in boots），现在他正冲向那只已经被缩小为老鼠大小的怪物。

2.5 非人类的证据

波义耳的技术性改进引人瞩目。与霍布斯的论断恰恰相反，波义耳精通古老的刑法和圣经解释，不过，他之所以这么做是为了将之运用到事物的证言中，当然，这些事物是需要在实验室中接受检测的。夏平和沙佛写道：

> 斯普拉特(Sprat)和波义耳诉诸“当地英格兰正义法庭的实践”来维护其结论的道德确定性,并用以支持其论证——目击者的增加将会增加“这些可能性的几率”。波义耳运用了克拉伦登(Clarendon)在1661年有关叛国罪的相关法律中的一些条款。其中,作者写道,有罪判定至少需要两个目击证人。这样,通过目击证据而获得权威的法律和宗教模式,成为了进行实验的最根本资源。因此,以事实为依据,可靠的目击证人就进入了可信者的名单之列,而天主教徒、无神论者和新教徒则发现他们的传道受到了挑战。证人的社会地位能够维护其可信性,而且多个证人的共同作证也会使那些极端分子无处遁形。霍布斯向这一实践的根本基础发起了挑战:再次,主张目击证明的这一惯例,在霍布斯眼里,成为了一项毫无成效并极具破坏性的事情。(Shapin and Schaffer, 1985,P. 327)

【23】

乍一看,波义耳的这些论述似乎并无多少新意。甚至是在一千年以前,学者、修道士、法官和誊写员们就已经阐明了这一切。不过,波义耳的创新之处就在于对它们的运用。早先,目击证人一直由普通人或者神职人员来担当——非人类从未担此重任。文本也都是由人类书写,或者是受到了上帝的启发,但非人类却从未给人以启发,更不用说是书写文本了。法庭上,人们见证了无数的世俗审判和神圣审判——但那些从实验室转变到法庭上的非人类的行为却从未被慎重对待过。然而,对于波义耳来说,如果证言未经证实,不管证人具有多么崇高的地位,实验室中的实验都较其具有更高的权威:

> “我们刚刚考察过的(关于潜水钟)的实验,已经表明了水压对于非生命体的影响,并且这些非生命体不可能具有偏见性或者传达给我们某些片面的信息。与无知的潜水员所持的怀疑甚至否认性话语相比,水压会让那些摒除偏见之人感受到更大的分

量。潜水员的片面之词时常会发生摇摆。而且,就像其他普通人一样,他们的感情也很容易受到其个人癖好和诸多其他环境的影响,因此,他们很容易就会犯错。”[Shapin and Schaffer, 1985, p. 218]

接下来,在波义耳的文本中,我们又看到,一个新的并且也为这一新制度所承认的行动者介入其内:惰性体,它们没有丝毫的个人意愿,亦毫无偏见,却能够在我们获得可信证据之前,在实验室的仪器上,进行展示、指示、书写甚至是涂鸦的活动。这些非人类物体,没有灵魂却拥有意义,它们甚至比普通人更为可靠,因为对普通人而言,他们虽然拥有意愿却没有能力以一种可靠的方式向我们展示现象。按照现代制度,当怀疑出现之时,人类最好是从非人类那里寻求帮助。非人类被赋予了这样一种新的符号力量,并借此促成了一种新的文本形式、一种实验性的科学文献,促成了一种介于古老的圣经诠释学(先前,这仅仅被运用于《圣经》经文和经典文本领
【24】 域)与新仪器(这促成了新的铭写过程)之间的杂合体。此后,证人就可以围绕空气泵的封闭空间,就非人类的有意义的行为进行争论。古老的圣经诠释学仍将持续下去,但是它会在其破旧的羊皮纸上署上一个颤颤抖抖的签名——科学仪器(Latour and De Noblet, 1985; Law and Fyfe, 1988; Lynch and Woolgar, 1990)。这样,新的法庭被重建起来,所有其他的力量都被颠覆,霍布斯对此忧伤不已。不过,只有当政府的政治部门和宗教部门之间的所有联系烟消云散之时,才是颠覆发生的真正可能之日。

夏平和沙佛尽可能深入地讨论了客体、实验室、能力和尺度的改变。如果科学的根基并不是某一思想而是某种实践,如果它是内在于而非外在于空气泵的透明空间,如果它发生于实验共同体的私人领域之中,那么,它是如何扩展到“每一个地方”的呢?它又是如何成为诸如“波义耳定律”、“牛顿定律”之类的具有普遍性的断言的呢?答案就是,它从来就不具有普遍性——至少,按照认识论的观点来看确实如此!它的网络得到扩展,并且稳定下来。在某些学者诸如哈里·柯林斯(Harry Collins)或者特雷弗·平齐(Trevor Pinch)的著作中(Collins, 1985; Pinch, 1986),某些章节非常

出色地向人们证明了这种扩散,在新的科学论领域,他们的著作就是富有成效的卓越代表。通过追踪全欧洲境内的每一个空气泵原型的复制过程,追踪这样一个耗资巨大、缺乏可靠性并且非常棘手的设备是如何通过不断的改进而变成了一个特别廉价的黑箱,并逐渐成为每个实验室中的标准设备的过程,作者将具有普遍应用性的物理学定律重新请回到了一个标准化实践的网络之中。结果自然就是,波义耳对空气弹性的解释被普遍接受——不过,其被接受的速度与实验者共同体及其设备的发展速度完全一致。没有任何一种科学可以脱离其实践网络而存在。空气的重量确实是一个常量,但仅仅是一个处于网络中的常量。随着这种网络的扩展,对于真空的制造来说,其所需要的能力和仪器就变成了一项循规蹈矩的工作,就像是我们所呼吸的空气一样,人们难以再看到它们,然而,这就是传统意义上的普遍性吗? 绝对不是。

2.6 实验室和利维坦都是人类的创造物

那么,对霍布斯和波义耳的“创造”所进行的对称性操作,到底能走多远呢? 关于这一点,夏平与沙佛的态度并不明确。不过,乍一看,似乎是霍布斯及其追随者为我们创造了在分析力量(“表征”、“君主”、“契约”、“财产”、“公民”)时所需要的最主要的可用资源;而波义耳及其门徒则为我们 【25】
提供了有关自然(“实验”、“事实”、“证据”、“同行”)的主要资源。因此,似乎很明显,我们现在所讨论的不是两套独立的创造,而恰恰是一套,即在我们的两个主角——霍布斯的政治学与波义耳的科学——之间的力量分割。当然,这并不是夏平和沙佛所得出的结论。他们的天才研究,将其引向了对两位大师在现代纪元肇始之处的实验实践与政治组织之间的比较。然而在此之后,他们的立场又后退了:对于是否使用与波义耳及其科学所遭受的同样的处理方式,来对待霍布斯及其政治学这一问题,他们犹豫不决。他们似乎更坚定地钟情于某种政治资源而非科学资源,这非常奇怪。

然而,夏平和沙佛无意之中却将传统的现代性批判的参考基础颠覆了。如果科学是奠基于某种生活形式、实践、实验室和网络,那么,它应该被定位于何处呢？当然，不会是在自在之物那一边，因为事实是被制造出来的。但是它也不能完全置身于主观（或者是人们所赋予之的任何名称）一侧：社会、大脑、精神、语言游戏、知识或者文化。窒息而死的那只鸟、大理石气缸、下降的水银，所有这些并不是我们自己的创造物。它们并不是由稀薄的空气所构成，也不是社会关系，更不是人类的某些范畴。那么，我们必须要将科学实践不偏不倚地放到联结客体轴与主体轴之线段的中间吗？或者说，为了采取一种新的立场来分析此种政治语境与科学内容的离奇的降生，科学实践是否是必要的呢？

对于这一问题，作者并没有给出一个明确的答案，就仿佛他们对于自己的这一发现丧失了公正评判的能力。正如霍布斯和波义耳能够在所有问题上达成共识，却在如何开展实验上发生分歧一样，作者也在所有问题上形成一致看法，却在如何处理“社会”语境——也就是说，霍布斯那一对称性的创造——人类可以被表征——的问题上分道扬镳。本书的最后几章，对其自身的研究而言，作者在一种霍布斯式的解释与波义耳式的观点之间摇摆不定。不过，鉴于他们只是在少数几点显著特征上发生了分歧，因而这种张力只会使得他们的工作更加有趣，并为科学人类学提供了一连串理想的新果蝇。夏平和沙佛认为，与波义耳对霍布斯的否定性论证相比，霍布斯对波义耳之科学所进行的宏观社会解释更加可信！由于在科学的社会研究之框架下接受的学术训练，他们似乎接受了爱丁堡学派带来的某些局限：如果所有的认识论问题都可以被视为社会秩序的问题，当所有人都如是说并如是做时，这是因为，对于何为一种好的科学这一问题，其界定方式是社会语境的一个子集。与对外在“自然”的解构相比，这样一种非对称性的处理，使得夏平和沙佛对宏观社会语境所进行的解构工作逊色不少。他们似乎相信“高高在上”的社会确实存在，而且它可以说明霍布斯纲领的失败。抑或是，更准确地说，他们并没有试图去解决问题，其结论中的某些段落抵消了在第七章中的出色证明，也抵消了本书的最后一句话中他们的论证：

> 我们的科学知识，我们的社会制度，以及关于社会和知识之

> 联系的传统观点，很久以来就不再被视为理所当然了。我们已经认识到了知识结构的传统本性和人为本性，并进而将自己放到了某个位置上，基于此位置，我们能够认识到，为我们所知的一切负责的并不是实在，而是我们自己。知识，就像国家一样，只是人类行动的产物。霍布斯是正确的。[p. 344]

不，是霍布斯错了。他创造出了一元的社会，并将知识和权力视为同样的事物，难道这就是他所谓的正确吗？波义耳在事实知识与政治知识之间创造出了绝对的二分，难道霍布斯那粗糙的理论就能够为之提供解释吗？是的，"知识，就像国家一样，只是人类行动的产物"，但这也正是波义耳的政治创造要远比霍布斯的科学社会学精致的原因所在。如果我们想认清那最后一个横亘于我们和科学人类学之间的障碍，我们就必须要解构霍布斯的制度性创造——在其中，存在着一个诸如宏观社会的东西，它要比自然顽固得多，也坚固得多。

霍布斯创造出了无遮蔽的计算式公民(naked calculating citizen)，他们的权力非常有限，并且为主权者这样一种人为制度所代表。同样，他也创造了一种论调，并基于此将权力等同于知识，这一等式成为整个现代权力政治的根基。而且，与马基雅弗利(Machiavelli)一样，他提出了一整套用于分析人类利益(至今，利益仍然是所有社会学的最根本词汇)的术语。换句话说，尽管夏平和沙佛小心翼翼地避免将"科学事实"这一说法视为一种资源，而视为一种历史性的、政治性的创造，但他们并没有注意到政治语言自身与何相关。他们以一种非常无知的方式使用诸如"权力"、"利益"和"政治"之类的词汇(第七章)。然而，是谁发明了这些词并赋予其现代含义呢？是霍布斯！看来我们的作者虽然注意到了科学和政治这两个方面，但他们完全倒向了一边，在批评科学的同时将政治整个吞下并作为其唯一有效的解释资源。那么，是谁为我们提供了这样一种通过权力解释知识的不对称的分析方式呢？还是霍布斯，他建构了一元论的宏观结构，在这种结构中，【27】知识只是社会秩序的辅助性工具。两位作者非常有力地解构了空气泵的演化、传播和普及历史。然而，他们为什么不去解构"权力"或者"力量"的演化、传播和普及呢？难道空气弹性就比“力量”更可疑吗？如果自然和认识论并不是由超历史的实体所构成，那么，历史和社会同样也不是——除非人们接受作者的不对称性立场，并同时赞同这样一种观点：与自然相关之物都是建构性的，与社会相关之物都是实在的（Collins and Yearley, 1992）！但是，说空气的弹性比英格兰社会本身具有更深的政治基础，诸如此类的说法，似乎并不具有多大的可能性。

2.7 科学表征与政治表征

如果我们采取某种异于夏平和沙佛的方法，自始至终地追踪其著作的逻辑线索，我们可能就会明白在霍布斯和波义耳同时完成的工作之间存在着对称性，而且，我们也可能会明了他们描述的科学实践。波义耳并不是仅仅创造了一种科学话语，同样，霍布斯也并没有仅仅创造一种政治话语。波义耳创造的是一种政治话语，并将政治排除在外；而霍布斯设想了一种科学的政治学，并将实验科学排除在外。换句话说，他们所创造的正是我们的现代世界，在这样一个世界中，以实验室为媒而对事物进行的表征，与以社会契约为媒而对公民进行的表征，被永久性地割裂开来。因此，政治哲学家们忽视了霍布斯的科学，而科学史学家们则忽视了波义耳的科学政治学立场，他们决然不是无意而为之。自霍布斯和波义耳的时代以来，所有这些人都采取了这种二象之见，都没有在对非人类的表征与对人类的表征之间、在事实的人造性与国家的人造性之间确立直接联系。表征一词同样也是如此，而霍布斯和波义耳的争论却使得这一词的两种含义（人们从未思考过）具有了某种相似性。此时此地，我们不再是完全的现代人了，这两种意思再一次彼此靠拢。

这样，在认识论和社会秩序之间的联系就具有了一种全新的含义。波义耳和霍布斯发展出了一个政府机构的两大分支，当然，每一分支都是站在其创造者一方，而且，只有当这两大分支被截然分开的时候，它们才能获得其权威性：如果没有科学和技术，霍布斯的国家将会软弱无力，但是，霍布斯却仅仅谈论对于无遮蔽之公民的表征；如果不在宗教、政治和科学领

域之间划定界限，波义耳的科学也将归于无效，这也就是他之所以要千方 【28】
百计地抵制霍布斯的一元论的原因。他们就像是两个开国元勋，步调一致地在政治领域推动着同样的改革：对非人类的表征属于科学，但是科学不能够应用于政治；对公民的表征属于政治，但是政治也不能与由科学和技术所产生并且改变的非人类发生任何联系。霍布斯和波义耳的争论，其目的就是要界定这两种资源（时至今日，我们仍在不假思索地使用着），而且其双重争斗的激烈程度很好地表明了他们所创造之物的新颖性。

霍布斯定义了一个无遮蔽的计算式公民，他们构成了利维坦——一个道德上帝，一个人为的创造物。那么，利维坦的基础何在？对原子人的统计会产生出一种契约，并进而借由单个人之手来决定各种力量的不可改变的结构。这种力量存在于何处呢？所有无遮蔽的公民可以将权威集于一人，并使之为他们代言。当他在行动的时候，实际上是谁在行动呢？是我们，也正是我们将我们的权力完全赋予他。共和制是一个荒唐的人类创造物，它由公民所组成，而公民们却又将其权威赋予其中一人来代表他们并将他们联合起来。主权者是站在自己的立场上说话，还是为那些赋予其权力的人代言呢？这一问题没有答案，现代政治哲学家们的争论也就不可能休止。确实，是主权者在说话，但公民却能通过他来表达自己。他成为了他们的发言人、他们的代表、他们的化身。他转译着他们，他也可能背叛他们。他们赋予其权力，他们也可以弹劾他。利维坦仅仅是由公民、技能、公式或者争论所构成。简而言之，除却社会联系，它别无他物。或者说，多亏霍布斯及其继承者，我们已经开始理解社会关系、权力、力量和社会的含义了。

不过，波义耳却界定了一个更加奇怪的东西。他创造出了一个实验室，在其中，人工的机器创造出了所有的现象。尽管它们只是一种人工物，非常昂贵，而且也难以复制，尽管受过专业训练的可靠的见证人并不多，但这些事实仍然表征了自然的真实面貌。在实验室中，在科学文本中，事实被制造出来、被表征出来，那些处于萌芽阶段的见证人共同体能够确认这些事实并为之提供担保。科学家就是这些事实的小心谨慎的代表。当他们在说话的时候，事实上是谁在说话呢？是事实本身，这毫无疑问，但同时也是它们所赋予其权威的发言人在说话。那么，到底是谁在说话，是自然还是人类？这是另外一个没有答案的问题，现代科学哲学家们为之争论不已，哪怕争论三个世纪也将毫无结果。就其自身而言，事实是不会说话的，自然
【29】力也仅仅是某些毫无感情的机制。然而，科学家们会说，他们自己并没有说话，准确地说，是事实在为自己代言。那么，在实验室的人工空间或者在真空泵的更加纯净的空间之中，这些哑巴的实体具有了言说、书写、表明自己意图的能力。那些绅士们并不认为自己的行为背叛了无声客体，而只是对之进行转译。而且当他们这样说的时候，他们也只是相互作证，很少从自然力中直接获取证言。跟随着波义耳及其追随者，我们开始明白自然力是什么，它就是一个客体，一个虽然无法发声却被赋予或托付了意义的客体。

从其一般性的争论之中，波义耳和霍布斯的后继者们为我们提供了一种可用资源，而我们也一直使用至今：一方面是社会力和社会权力，另一方面是自然力和自然机制；一方面成为了法律的主体，另一方面则成为了科学的客体。政治发言人代表着那些争吵不已的计算式公民群体；科学发言人则代表了那些毫无声息的物质客体。前者转译了其委托人，他们无法同时发声；后者也转译了其委托人，它天生就是个哑巴。前者可能会发生背叛，后者同样如此。在 17 世纪，对称性仍然存在，双方阵营通过其发言人而争吵不断，互相指责对方加剧了彼此之间的冲突。对于其共同的起源，现在毫不费力就可以将之隐藏，因为除了在人类的一边，已经没有发言人了，科学家们的言论也已隐匿不见。很快，按照选举者或者物是否占有重要地位，“表征”一词将会拥有两个不同的含义。认识论和政治科学将会背道而驰。

2.8 现代的制度担保者

即便现代制度表现出了在用以表征物的科学力与用以表征主体的政治力之间的区分，我们却仍然无法得出结论——从现在开始，主体完全从物上被剥离。事实恰恰相反。在《利维坦》中，霍布斯同时重新界定了物理学、神学、心理学、法律、圣经诠释学和政治科学。波义耳在其著作与通信中，也同时重新设计了科学修辞学、神学、科学政治学和事实诠释学。他们共同对诸多问题进行了描述：上帝如何统治世界，英格兰的新国王如何取

得其合法性，自然如何被考察，科学讨论或者政治讨论的边界何在，如何将下层社会牢牢地掌控于股掌之中，女人的权利和义务何为，数学能够给我【30】们带来什么。接着，在实践中，他们都处于古老的人类学基质之中，他们在物的能力与人的能力之间进行了区分，不过，他们并没有在纯粹的社会力与纯粹的自然力之间确立某种分割。

整个现代性的悖论便在于此。如果我们考虑一下杂合体，那么我们现在所处理的就仅仅是自然与文化的杂合物；如果我们考虑纯化的工作，那么我们所遭遇的就是在自然与文化之间的一个决然分裂。在此，我试图所要理解的，正是在这两种任务之间的关系。当波义耳和霍布斯将政治学、宗教、技术、道德、科学和法律放到一起的时候，他们也区分了两种任务：一个人将自己局限在物的科学之上，另一个人将自己限定于人类的政治学之中。在这两种进路之间，是否存在某些更加紧密的联系呢？对于增殖而言，纯化是否必要呢？一种纯粹的人类政治学和纯粹的自然存在物，是否必然要求大量杂合体的存在呢？保持这两种进路的有效性，是否就一定要求对两者进行绝对的区分呢？如何解释此种处理方式的力量所在呢？进而，现代世界的秘密是什么？在获取答案的尝试过程中，我们将会进一步推广夏平和沙佛所取得的研究成果，并对制度进行完整的界定。霍布斯和波义耳仅仅是给出了一个草图。要做到这一点，由于我的历史学功底远不如我的这两位同行，因此，我将不得不依赖于一个必要的推测性工作，从而猜想这样一种制度确实是被一些有意识的行动者设计出来的——这些行动者试图从零开始建构一个各部分之间彼此制衡的功能机制。

如同任何一种制度一样，现代制度也需要其自身所提供的担保者(guarantee)来进行调节。与霍布斯的立场相反，波义耳及其诸多的科学后继者们界定了自然力这一概念：客体虽然缄默不语，但以忠诚并受过专业训练的科学发言人为媒，自然力就可以使之发声。而且，这种自然力也为之提供了一个重要的担保者：人类并没有制造自然，自然永远存在并始终已经外在于那里，我们所做的仅仅是去发现其秘密。而与波义耳相反，霍布斯及其诸多的政治后继者们界定了政治力，这种力量使得公民能够通过主权者(其所言正是公民之所言)的转译或者背叛而以同一种声音说话。

这种力量也提供了一个同等重要的担保者：人类，并且只有人类，才是社会的构建者以及自身命运的自由决定者。

现代政治哲学的时髦期已经过去了，如果此两个担保者依然被分割对待，我们仍将难得其解。如果自然的制造者不是人类，而且其被制造的目的亦不是人类，那么，它将依旧与我们毫无关联，将永远保持那冷淡的面孔，甚至对我们充满着敌意。自然的超验性使我们裹足不前，或者说使我们难以接近它。相应地，如果社会的制造者仅仅是人类，或其被制造的目
【31】的也仅仅是人类，那么，对于利维坦这样一个人为的创造物而言，我们同时既是它的形式又是它的质料，它也就将无法立足。在每个人对每个人的战争（the war of every man against every man）中，也正是这种内在性立刻又摧毁了它。不过，这两个制度性的担保者却无法分裂开来，这似乎是因为前者保证了自然的非人类性，后者则保证了社会领域的人性。它们是一起被创造出来的。它们相互强化，两者互为对方的平衡力，就像权力的制衡机制一样。它们只是一个单一的新政府的两个分支机构罢了。

现在，如果我们将两者放到一起而不是分开，我们就会注意到担保者被颠覆了。波义耳及其追随者们并不是简单地宣称我们无法控制自然规律，他们也在实验室里制造着规律。尽管他们在真空泵的内部进行了人工建构（这是转义[mediation]或者转译的范围），但事实却完全逃脱了人们的制造范围（这是纯化的领域）。霍布斯及其后继者们并没有简单地宣称人类凭借纯粹自身的力量而制造社会，而是认为利维坦可以永久存在，它地位稳固且强大有力；认为它能够使商业、人类的发明和艺术活跃起来；而对于主权者来说，它则手握淬火适度的钢铁利剑和黄金权杖。尽管它只是人类的一个建构物，但是它却无限超越了其创造者人类，因为在它的毛孔、血管和组织之中，它动员了无数的物和客体从而来维持其连续性和持久性。然而，尽管它通过动员万物获得了稳定性（就如转义的工作所揭示的），但是，我们（我们可怜的、毫无遮蔽的、毫无武装的公民）仍然能够通过自由地使用理性的纯粹力量来创造它（正如纯化的工作所表明的一样）。

不过，这两个担保者之间却是矛盾的。当然，这种矛盾并不是相互性的，而是内在性的，因为它们每一个都同时扮演了超验性和内在性的角色。

波义耳及其诸多的继承者们在对自然进行人工建构的道路上愈行愈远，并且声称他们是在发现自然；霍布斯和这种被重新定义的市民也通过计算的力量和社会力量而不断地建构着利维坦，当然，他们也不断地将越来越多的对象征募入伍从而使利维坦能够持续性地存在下去。他们是否在说谎呢？还是在自欺欺人？抑或，他们在欺骗我们？绝对不是，因为他们引入了第三个制度性的担保者：首先，应该存在着在自然界（只不过它是被人类所构造出来）和社会界（然而，它又需要万物以维持其存在）之间的决然分裂；第二，在杂合的工作与纯化的工作之间也存在一个完全的分裂。只要第三个担保者没有将之永久性的分开，只要它还没有将一种公然的对称性加入到这两个矛盾的非对称性——实践可解决之，却无法言传之——之中，前两个担保者就能成为一对矛盾体。

第一重悖论 【32】

自然并不是我们的建构物；它是超验的，并且无限地超越我们。

社会是我们的建构物；它内在于我们的行动之中。

第二重悖论

自然是我们在实验室之中建构出来的；它内在于实验室之中。

社会并不是我们的建构物；它是超验的，并且无限地超越我们。

制　度

第一担保者：尽管我们建构了自然，但自然看上去却并不为我们所建构。

第二担保者：尽管我们并没有建构社会，但社会看上去却是我们的建构物。

第三担保者：自然和社会必须被截然分开；纯化的工作与转义的工作必须截然分开。

图 2.1　自然与社会的悖论

要完成霍布斯和波义耳之间的典范性争论所勾画出的这一运动，可能还需要更多的学者、更多的机构加入进来，也需要制定更多的规则。但是现在，其总体性框架变得明朗了：如果将这三个担保者放在一块，它们将会导致现代人在规模上发生相应的改变。它们能够使自然介入到社会建构过程的方方面面，同时又不断地赋予自然以根本的超验性；它们成为了其政治命运中的唯一行动者，同时又通过动员自然来维持其社会的整体性。一方面，自然的超验性并不会妨碍其内在性；另一方面，社会的内在性也不会妨碍利维坦的超验性存在。必须承认，这是一个相当精巧的创造，它能够为所欲为却又不为其他事物所牵绊。不用奇怪，制度所本该做的，正如人们过去所常说的一样，就是“解放生产力……”。

2.9 第四个担保者：被搁置一边的上帝

然而，在此制度的两个担保者之间，要避免其出现一种完美的对称性，这是非常有必要的，因为它可能会影响两者效用的充分发挥。第四个担保
【33】者需要解决的问题是上帝，它使之与社会和自然的双重建构分割开来，尽管他被非常体面地对待，亦保持了其有用性。霍布斯和波义耳的追随者们成功地完成了这一任务——前者取消了自然之神圣存在的可能性，后者则祛除了社会的神圣起源。科学的力量“不再需要这些假设”；至于政治家们，他们制造出了利维坦这一“世俗的上帝”；现在，不朽的上帝不会再给他们带来困扰了，因其经文的解释权被主权者象征性地紧紧把握。上帝对于自然定律和共和国的法律都毫无作用，如果谁不赞同这一点，那么他就不是一个真正的现代人。上帝在形而上学的层面上被搁置一边，这与基督教前现代式的上帝完全不同；同样，实验室中建构出来的自然也与古代的自然(phusis)完全不一样，社会学家所发明的社会也与古老的人类学视角下的集体以及充斥其中的非人类因素完全相异。

为了完成这一机制，他们需要某种批判资源，而这种彻底的疏远却可能使现代人丧失这种批判资源。自然和社会(nature-and-society)这对孪生范畴应该被搁置于真空之中，在政府的这两个分支之间的冲突中，没有人

能够决定哪一个将会胜出、哪一个将会落败。更糟糕的是，它们的对称性本该非常清晰。如果允许我以一种合适的方式将这一故事(这一制度是由某些有意识的，并被赋予了意愿、远见和聪明才智的行动者所设计)继续进行下去的话，我会说，现代人同样将这种双重的处理方式运用到被搁置的上帝身上，这与他们对自然和社会的处理方式一样。上帝的超验性使其无限远离人类，因此，他对自然或者社会的自由运转毫无影响。尽管如此，当自然规律与社会定律发生冲突的时候，我们却又可以援引其超验性为参考框架。因此，现代人(包括男人和女人)在信奉宗教的同时，很可能又是无神论者。他们可能侵入物质世界，并随意地重新创造社会，而不会体验那孤寂的造物主的情感历程，他已经被大家所抛弃。

对古老的基督教神学问题的重新诠释，会使上帝的超验性和内在性同时发挥效用。然而，如果不将之与 17 世纪的任务(对于科学事实和公民的共同发明)相杂合，那么 16 世纪宗教改革的这一冗长的使命，很可能会产生出完全不同的结果(Eisenstein, 1979)。灵性(spirituality)被重新界定：全能的上帝降临到人类心灵的深处，却丝毫未曾影响到他们的外部事务。一个完全个体和完全精神的宗教使得人们对科学和社会之支配的批判成为可能，而无须将上帝引入到两者之中，这样，世俗和虔诚在现代人身上结合起来(Weber, [1920]1958)。最后一个担保者并不是由一个高高在上的【34】
上帝而是由一个缺场的上帝所给予，然而只要人们愿意，他的缺场却并不会阻止人们将其放在心灵深处。这样，他完全处在了一种理念物的位置上，因为人们两次都将之搁置起来，一次是在形而上学的层面上，一次是在灵性的层面上。无论如何，他不会对现代人的发展产生任何干扰，而仅仅是在人类的灵魂深处保持了一种有效性、有用性。

一个错综复杂的计划切断了所有的可能性，其中包含了三重的超验性和三重的内在性：我认为这就是现代人的力量所在。人们并没有制造自然，人们制造了社会；人们制造了自然，人们没有制造社会；人们什么都没有制造，上帝制造了一切；上帝一事无为，人们制造了一切。在这四个担保者之间，如果我们视之具有某种相互制衡的权力关系，那么我们将无法理解现代人。前两者使得人们可以通过在纯粹的自然力和纯粹的政治力之间双向地直接移动，进而有可能交替地使用权力资源；第三个担保者则消除了对于自然所属之物与政治所属之物的任何污染，尽管前两者允许在两者之间进行快速的交替。第三个担保者（它将前两者分开）与前两者（它们相互交替）之间的冲突是否就显而易见呢？并不是这样，因为这一制度的第四个担保者将一个无限远的上帝确立为仲裁者，他是一个软弱无力却同时又至高无上的判决者。

如果我对制度的这种勾勒是正确的，那么现代性与人类主义的出现、与科学的出现、与社会的世俗化或者与世界的机械化都毫无关系。其根源、其力量，都是这三对超验性和内在性在长期历史条件下的共同产物。在此，我只是用霍布斯和波义耳这两个角色来表现出其中的一个阶段。这一现代制度的根本点在于，它导致了一种转义的工作，它将杂合体聚合为某种不可见的、无法思考的、无法表征的东西。表征的缺失会以某种方式限制转义的工作吗？不，因为那会导致现代世界立马停止运转。就像所有其他的集体一样，它生活于这种混合物之上。相反（在此，机械论的美被发掘出来），现代制度虽然否定了杂合体的存在和可能性，但又使得杂合体的扩展性增殖成为可能。在同样的超验性和内在性之间进行交替，三次这样的操作使得现代人将自然动员起来，亦将社会客观化，并且感受到了上帝的精神在场，他们甚至还同时坚持认为，自然摆脱了我们的控制，社会才是我们的任务，上帝对我们毫无影响。我们是否该抵制这样一种建构呢？某
【35】些真正的例外事件已经削弱了这种机制的力度，这样，面对着一个正处于消逝过程之中的世界，我才能够以一种人种志学者的超然姿态来描述之。

2.10 现代批判的力量

现代人的批判能力正在不断退化，在此时刻，再一次也是最后一次，思考一下它们的巨大效用将不无裨益。

从宗教的束缚中解放出来之后，现代人通过解释那些古老力量所掩饰的物质因果性——即便他们是在一个封闭的人工实验室之中发现这些现象的——来批判其蒙昧主义。自然规律使得第一批的启蒙运动思想家们

能够祛除那些由于人类的偏见所导致的毫无事实根据的自负。运用这样一种新的批判工具，他们将对于那些古老而又非法的杂合体视而不见；他们不得不做的是通过将自然机制与人类的激情、利益或者愚昧区分开来而纯化之。旧时的观点，被接二连三地证明为愚蠢之见，或者说毫无准确性可言。抑或是更准确地说，只需运用现代制度，就足以创造出一个与今天截然不同的“过去”。人类过去的蒙昧，将社会需求与自然实在、意义与机制、符号与事物全然杂合起来，虽然那只是黎明前的一抹晨曦，却为在物质因果性与人类想象之间进行彻底的区分创造了可能性。自然科学终于成为了自然的界定者，每一新出现的科学学科都被视为一场彻底的革命，通过这种革命，将其从先前旧制度的桎梏中解放出来。如果一个人无法体验到晨曦的这种美、无法对其承诺而沉醉不已，那他就不是一个现代人。

不过，现代批判并不是简单的转向自然进而以之摧毁人类的偏见。很快，它开始走向另外一个方向，转向新近建立的社会科学以祛除过度的自然化。这发生于19世纪，它是人类历史上的第二次启蒙运动。这一次，关于社会及其定律的精确知识，不仅开始批判日常蒙昧主义的偏见，而且也对自然科学所创造出来的新偏见进行了批判。在社会科学的坚定支持之下，人们开始将其他科学中真正的科学内容与意识形态化的内容区分开来。祛除意识形态的糠皮，挑出科学的内核，这成为了那些善意的现代化者们为之奋斗了几代的任务。在启蒙运动的第一批思想家群体中，第二批思想家经常发现一种无法接受的需要纯化的杂合，这种纯化要求我们必须小心翼翼地将属于物本身的那部分与属于经济的、无意识的、语言或者符号功用的那部分区分开来。过去的所有观点——包括其中的某些伪科 【36】
学——成为了某种片面之见、某种含糊之词。或者准确地说，作为对比，一种愚昧的“过去”所创造的一系列激进的革命，很快就被社会科学的那抹晨曦给驱散了，自然化与科学意识形态的诡计最后被废弃。如果一个人不去虔诚地等待这抹晨曦并为其承诺激动不已的话，他亦不是现代人。

不可战胜的现代人甚至发现，他们可以利用自然科学揭示权力的虚伪自负，利用人文科学之确定性来揭露自然科学、揭露科学主义的虚伪自负，而且也完全可以将这两种批判手段结合起来。最后，作为整体的知识也就触手可及了。在很长的一段时间里,人们无法越过马克思主义,这是因为马克思主义将现代批判所发展起来的两种最有力的资源交织在一起,并一直都对之进行捆绑处理(Althusser, 1992)。马克思主义保留了属于自然科学和社会科学的那部分真理,甚至在当它小心谨慎地祛除了此两类科学中遭人谴责的部分和意识形态之后仍是如此。马克思主义实现了,也终结了——这一点很快就会明晰——第一次和第二次启蒙运动的所有理想。在物质因果性与蒙昧主义的错觉之间的第一重区分,就像在科学和意识形态之间的第二重区分一样,仍然是今天的现代人所愤愤不满的两个主要根源,尽管我们的当代人不再去压制马克思主义风格的讨论,尽管他们的批判资本现在已经被分散到了成千上万的小股东手中。从未在内心深处感受到这双重力量的激荡,从未沉湎于对理性和蒙昧主义、对错误的意识形态与正确的科学之间的分割,那他就不是现代人。

定位点	批判的可能性
自然的超验性	我们无法违背自然规律
自然的内在性	我们拥有无限的可能性
社会的内在性	我们是完全自由的
社会的超验性	我们无法违背社会规律

图 2.2 定位点与批判的可能性

以自然定律的超验确定性为坚实基础,对于那些非理性的信仰及其正当性尚未获得证明的支配方式,现代的男性或女性们批判之、揭露之,亦谴责之、愤恨之。以人类赋予其自身命运的确定性为坚实基础,对于那些非理性的信念和意识形态所导致的偏见以及其正当性尚未获得证明的专家(他们宣称,对其行动和自由而言,并不存在任何限制)统治,现代的男性或
【37】女性们亦批判之、揭露之、谴责之、愤恨之。然而,自然的唯一超验性(这并不是我们所为)和社会的唯一内在性(我们在反复创造着它)会麻痹现代人的大脑。面对物时,现代人表现得太过软弱,而在社会之中,他们又太过强大。毫无矛盾地在这些原则之间进行交替,带给我们的益处是何其之多啊!自然,尽管是超验的,但它仍然是可动员的、可人性化的、可社会化的。

日复一日，实验室、文献、计算中心和结算中心、研究所和科学机构都与社会团体的各种命运交织在一起。相反，尽管我们在反复地创造着社会，它却仍将继续下去，它超越于我们，支配着我们，并且拥有其自身的定律，它同自然一样具有超验性。日复一日，实验室、文献、计算中心和结算中心、研究所和科学机构超出了社会团体之自由的界限，并将人类关系转化到人类所未曾制造过的具有持久性的客体之中。现代人的批判力量就存在于这一双重语言之中：当人们使自然毫无疑问地远离人类时，他们仍然能够将自然动员为社会关系的核心部分；当人们赋予社会规律以必然性、必要性和绝对性时，他们仍然可以自由地制造或者撤销其社会。

2.11　不可战胜的现代人

现代制度相信人类与非人类之间的全然二分，同时又抵消了这种二分，这样它就造就了无敌的现代人。如果您批评他们说，自然是人类的双手创造出的一个世界，他们将会向您展现自然的超验性，科学是我们接近自然的一种媒介，并且向您表明他们的双手与此毫无关联。如果您对他们说，我们是自由的，我们的命运掌握在自己手中，那么他们则会指出社会是超验的，其定律也超越于我们。如果您指责他们是在玩弄两面派的伎俩，那么他们将会向您展现，他们从来不会混淆自然定律与神圣不可侵犯的人类自由。如果您就这样相信他们，并将您的注意力投向别处时，他们将会利用这一点将成千上万的客体从自然转移到某些社会团体，并使这些社会团体获得自然事物的稳定性。如果您突然回转身，就像在孩子们玩的游戏"妈妈，我可以……吗?"〔1〕之中那样，他们会一下子呆在那里，满脸无辜，仿佛他们并没有移动：这里，在左侧，是物本身；那里，在右侧，是语言主体和思想主体、价值与符号的自由社会。一切都发生在两者的中间，一切都在两者之间流通，一切都以转义、转译和网络的方式发生。然而，这一空间

〔1〕 西方孩子们所玩的一个游戏。游戏中，一人扮演母亲，站于房中一端，其他人扮演孩子并于另一端站成一条线。其后孩子们向"母亲"提出指令，"母亲"可以肯定其指令或者否定其指令并提出新的指令。最先到达"母亲"一端的孩子为胜者，作为新的母亲，游戏重新开始。——译者注

却并不存在，它毫无立身之地。这正是现代人所没有想到的，也是其无意
【38】识之处。现代人通过将集体推入与自然的超验性、与所有人之自由的联盟关系之中，同时也将自然纳入其内、亦赋予自由的边界以绝对的限制，如此所为，他们就完成了对集体的扩展工作。难道还会存在一种更好的方法能达到同样的效果吗？这就使得人们可以做任何事情——甚至是截然相反的事情。

当美国的原住民指责白人谎话连篇时，他们并没有错。现代人总是大包大揽:他们将政治力的关系与科学推理的关系区分开来，而且他们不断使用理性来支持权力，同时又使用权力来支持理性。他们已经战无不胜了。

您相信雷电是上帝所为吗？现代批判家们将会向您表明，这仅仅是一种由纯粹的物理机制所导致的现象，对于人类事务的进程毫无影响。您是否陷入了传统经济的泥淖之中呢？现代批判家们会告诉您，物理机制将会通过动员巨大的生产力，从而对人类事务的进程产生颠覆性的影响。您认为祖先的灵魂会使您永远成为其法律的俘虏吗？现代批判家们将会向您表明，您仅仅是您自己的俘虏，您的精神世界仅仅是您的一种人类建构物而且是一种太过人类化的建构物。接下来，您是否可以做任何事情，并且以您觉得合适的方式来发展您的社会呢？现代批判家们将会表明，与您祖先的时代相比，现代社会和现代经济学的铁的定律更加难以改变。如果您非常愤慨地指出，难道这是个机械化的世界？现代批判家们将会向您传播那万物所属的并将万物赋予人类的造物主上帝。如果您依然非常愤慨地指出，社会是世俗的吗？现代批判家们将会表明，灵性已经被如此这般地解放出来，而一种全然的精神宗教却还是高高在上。如果您认为自己是宗教徒呢？现代批判家们将会放声大笑，算是对您的嘲弄！

对此，其他的文化-自然又是如何反应的呢？与现代相反，它们变成了前现代。它们可能会抵制超验的自然，或者内在的社会，或者人类双手所创造的社会，或者超验的社会，或者是一个遥不可及的上帝，或者是一个内心深处的上帝。但它们又如何抵御这六者的联合呢？或者说，如果现代批判的这六种资源，正如我今天所追溯的，能够在一个单一的操作中同时出

现,它们又该如何对此进行抵制？但是这六者似乎彼此分离且相互冲突,它们将政府的那些分支机构堆砌到一起。对这些分支而言,每一个却又援引了不同的基础。此外,如果从转义实践的角度来看,纯化工作所要求的所有这些批判资源就会立刻发生冲突,然而,不管怎么样,这种冲突对于权力资源的多样性及其隐蔽的统一性毫无影响。

这样一种优越性,这样一种独创性,使得现代人认为他们已经摆脱了约束其扩张的最终限制。不管时光如何流转,殖民帝国总是控诉前现代集【39】体将物与人、客体与符号可怕地杂合到一起,而这些原告方最终却将它们全然分开——直到当下,他们才又突然以前所未有的尺度将之重新混合起来……在将这一伟大分界扩展到空间领域之后,现代人又将之进一步扩展到了时间领域。现在,他们觉得自己拥有了绝对的自由,他们完全可以不再恪守过去所带给他们的荒唐限制,这要求他们必须虑及物和人之间的微妙的关系网络。但同时,他们却又将更多的物、更多的人纳入了考虑的范围……

您甚至都无法指责他们为无信仰主义者。如果您称他们为无神论者,他们会与您谈论那遥不可及的、无穷远的、全能的上帝。如果您说这位被搁置一边的上帝仅仅是一个局外人,他们会告诉您上帝会在您内心的最深处发出声音;而且,尽管他们拥有那么多的科学和政治,他们从未放弃在道德和信仰方面的修炼。如果面对这样一种对世界的运行方式或者社会的发展方向毫无影响的宗教,您表现出了惊讶之情,那么他们会告诉您,它的影响已经渗透到了人们对于此两者的判断之中。如果您要求他们一一列举出这些判断,他们会抗议说,宗教绝对性超越于科学和政治,它也不可能影响它们,或者说,宗教是一种社会建构或者是神经元细胞的一种效应。

那么,您还有何话可说呢？他们拥有了所有的权力资源,掌握了所有的批判可能性。他们在具体情形中不断地变换着使用它们,手法如此之快,以至他们从未被抓个现形。是的,毫无疑问,他们是,他们已经是,他们已经完全是,他们也自认为是——不可战胜的了。

2.12 现代制度澄清了什么，又遮蔽了什么

然而，现代世界从未依其官方制度所单独制定的规则而运行，在此意义上，现代世界根本就从未发生过：它从未将我所提到过的有关存在的三个领域分开，也从未将之诉诸现代批判的六种资源之上。转译的实践永远不同于纯化的实践。或者说，这种区别本身就被铭刻于现代制度之内，因为这三种力量之中的任何一种都可以在内在与超验之间玩弄双重手法，这就使得它们可以为所欲为。在实践中，任何制度都不能容忍这样一种操作的缺失。然而，为了这种自由，现代人必须要付出代价，他们无法在一种概念化的层面上与前现代人保持连续性。他们不得不自视为全然不同的，也不得不创造出这一伟大分界，因为转义的全部工作脱离了其制度性框
【40】架——这种制度性框架可以勾画出转义的轮廓，同时又能否定其存在。

采取这样一种表达方式，现代性的困境似乎成为一个我立即就要解决的问题。虚假的意识可能会迫使现代人去想象一种他们从未运用过的制度。他们所要实践的，也正是他们被禁止言说的东西。这样，说谎者和骗子就会充斥于现代世界之中。更糟糕的是，要想揭穿他们的错觉、揭露他们的双重话语、考察他们的无意识的信仰，我事实上将会扮演一个非常现代性的角色，并在揭露者与批判家之间不断地变换身份。不过，纯化的工作和转义的工作之间的关系，与意识和无意识、形式和非形式、语言和实践、错觉和实在之间的关系并不一致。我并不是说现代人对其所作所为毫无所知，而只是说，因为在自然秩序与社会秩序之间，他们非常坚定地坚持一种绝对的二分，这样，他们的做法——创新出大量的杂合体——才具有可能性。而对于这种二分来说，也仅仅是因为现代人从未将纯化的工作与转义的工作放到一起，其自身也才具有可能性。由于现代人对于这两个任务非常清楚，因此这里并不包含错误的意识。他们不得不对现代制度的一上一下两个部分进行实践。我所加入的唯一一件东西就是这两套全然不同的实践之间的关系。

那么，现代性是一个错觉吗？不，它远不止一个错觉，却又远不够一个

本质。它是一种被强加于其他事物之上的力量,长期以来,它具有表征、推进和概括的力量——它再也不会完全拥有这种力量了。我所提出的修正,与过去20年在法国对于法国大革命的修正类似——这两种修正实际上完全是一回事,稍后我们就会认识到这一点。20世纪70年代以来,法国历史学家最终认识到,人们把对法国大革命的革命式解读添加到那个时代的诸多事件上,并以之来组织1789年之后的历史编纂,然而现在它却无法再为这些事件本身提供定义了(Furet, [1978]1981)。正如弗朗索瓦·弗亥(François Furet)所指出的,作为"历史行动之特征"的法国大革命应当与作为历史"过程"的法国大革命相区分。1789年的一系列事件并不是革命性的,就像现代世界从未现代过一样。1789年的行动者和历史记录人员,利用革命的观念来理解发生在他们身上的事情,并使之影响其自身的命运。类似地,现代制度是存在的,在历史中也确实发挥了作用,但是它再也无法为我们所发生的事情提供定义了。同样,现代性在等待着其托克维尔(Tocqueville)〔1〕的降临,科学革命也在等待着其弗朗索瓦·弗亥的降临。

因此,现代性并不是现代人的虚假意识,就像对待法国大革命及其历史效用一样,在承认现代制度的时候,我们必须也要谨慎行事。它不仅没【41】有消除转义的工作,而且更使之发生扩展。就如法国大革命的观念使得革命者们作出了一些无法改变的决定(如果没有这种观念他们就无法做出这些决定)一样,现代制度也使得现代人敢于动员物和人,而如果没有这种制度,这些做法都将难获允许。正如他们所认为的,这种规模的改变,并不是源于人类与非人类之间的分裂,恰恰相反,是由其不断扩大的联系而完成的。这种发展更是由超验自然(假定它仍然可动员)的观点、自由社会(假定它仍保持超验性)的观点、神性(假定上帝仍然可以与人的心灵对话)的缺场来轮番推动的。只要它们的对立面仍然既保持在场却又不能被反思,只要转义的工作仍然在推动着杂合体的增殖,这三个观点就可以使得人们在极大的范围内获益。现代人天真地认为,他们成功地进行了这样一种扩

〔1〕 托克维尔(Alexis Charles Henri Maurice de Tocqueville,1805—1859),法国政治家、旅行家和历史学家,著有《论美国的民主》一书,这是一本影响极广的研究美国体制的专著。——译者注

展，仅仅是因为他们小心翼翼地将自然和社会（以及那被搁置的上帝）分割开来，而事实上，他们取得成功恰恰因为他们将更大量的人类和非人类混合起来，他们并没有搁置任何东西、也没有排除任何联合！在纯化的工作与转义的工作之间的联结导致了现代人的诞生，但他们却仅仅将其成功归于前者。我这样讲，并不是在揭露一种隐蔽于官方解读之后的实践，而只是将下半部分添加于上半部分之上。将它们联结在一起是非常有必要的，不过，只要我们仍然是现代人，它们就不可能以一种单一的、一致的形象共同出现。

那么，现代人是否非常清楚我们的所作所为呢？如果考察一下人类学家对前现代人的论述，我们就会发现要找到这一悖论的解决方案并不那么困难。要践行这种杂合化，就必须要认为制度性秩序并没有产生出任何严重的后果。有两种方案可以达到这一目的。第一种方案存在于对社会秩序和自然秩序相互间紧密关系的彻底反思，这样就不会由于粗心大意而引入某些危险的杂合体。第二种方案在于，将作为一方面的整个杂合化的工作与作为另一方面的社会和自然的双重秩序分别搁置一边。现代人丝毫都没有思考过他们对于社会秩序的革新所带来的一系列后果，他们就这样给自己吃了一颗定心丸；前现代人——如果我们打算相信人类学家他们的确存在的话——则不断地关注并且着迷于自然与社会之间的那种关联。更加直接地说：那些最关注杂合体的人却又为它们带上了一个紧箍咒，而那些试图通过将杂合体与任何可能的危险后果割裂开来从而将之忽视之人，却又将杂合体的工作发挥到了极致。前现代人都是一元论者，他们建
【42】构了他们的自然-文化。“土著人是一个逻辑的宝库”，列维-斯特劳斯（Lévi-Strauss）如是写道：“他总是将一些线团复杂地交织在一起，不停地颠覆着实在的方方面面，不管这种实在是物理的、社会的还是精神的。”（Lévi-Strauss, [1962]1966, p. 267）通过将神性、人类、自然要素与概念充分地混合到一起，前现代人限制了这种混合在实践中的扩展。改变社会秩序，就必然意味着要改变自然秩序，这使得前现代人不得不慎之又慎；反之亦然。每一个怪物都变得明晰可见，变得可以被反思，并且清楚地向社会秩序、宇宙或者神之定律提出了严肃的问题（Horton, 1967, 1982）。关于阿丘雅

人，德斯高拉写道：

> 亚马孙流域“冷社会”(cold society)的内在平衡机制，与其说源于对政治异化的绝对拒绝——克拉斯特称之为“野蛮人”(Clastres, 1974)——……倒不如说是某种思想体系(它只有通过某些支配社会之真实运作方式的范畴，才能表示出自然的社会化过程)惯性作用的结果。与进化论所常常持有的过于草率的技术决定论相反，人们可能会认为，当社会改变其物质基础时需要以社会组织形式(它们由生产之物质方式的概念框架所构成)的事先改变为条件。(Descola, [1986]1993; p. 405;仿宋体字为引用者所加)

相反，如果某种事情为现代制度所认可，那必定是不断推进的非人类的社会化，因为它从未允许它们以“真实社会”的要素的形式现身。混合物，现代人使得它们无法被反思，在其三个力量源泉所界定的核心地带打开的那个空间，现代人也清空之、清理之、净化之、纯化之。这样现代人使得转义的工作重组了所有可能的怪物，同时又不让它们对社会结构产生任何影响，甚至是与之发生任何关联。与这些怪物同样奇怪的是人们并没有对此提出任何疑问，之所以如此是因为它们没有公开存在，其怪诞的后果仍然是不可追踪的。现代人允许存在的，却又总是被前现代人取消，因为社会秩序从未证明过自身与自然秩序完全相符。

例如，波义耳的空气泵似乎是一个非常可怕的凯米拉[1]，因为它在实验室中人工制造出了真空，这个真空允许人们对自然定律和上帝的行为进行界定，同时又为光荣革命时期英格兰社会的诸多争论提供了解决方案。罗宾·霍顿(Robin Horton)认为，原始思维可以很快地祛除这些威胁。从现在开始，17世纪的英格兰将会借助于科学共同体和实验室来建构他们的王室、自然和神学了，空气弹性将会加入到栖息于英格兰的行动者之中。【43】

〔1〕 凯米拉是希腊神话中狮头、羊身、蛇尾的吐火怪物。——译者注

然而，这样一种新联盟的征募丝毫没有提出任何问题，因为并不存在凯米拉，也没有任何怪诞的事情发生，人们所做的仅仅是发现了自然的定律。对动员与社会之间的关系进行直接的概念化，这是不可能的；而动员的范围与这种不可能性之间全然对应。现代人越是认为它们不是混合物，它们就越与其他事物掺杂在一起。科学越是绝然纯粹的，就越是与社会结构紧密地捆绑在一起。现代制度推进或者促进了对集体的展现——如我在前文所示，它与纯粹由社会关系组成的社会完全不同——却不允许它们的概念化。

2.13 控责的终结

可以肯定的一点是，现代制度，如果想继续保持其有效性，就必须对其所允许之事全然无知。我这样宣称是在践行一种揭露性的工作，只不过，与现代批判相比，这种揭露具有不同的对象和不同的推动力。只要我们心甘情愿地坚持现代制度，只要人们能够为其攻击和揭露性工作提供辩护，它就可以帮助我们解决所有的争论，也可以作为人们的批判精神的基础。但如果作为整体的现代制度仅仅表现为其中的一半，并且又禁止我们理解其另一半，那么现代批判的基础的合法性就无从保证。因此，我现在要做的就是采取一个灵巧的步骤来揭露现代制度，同时又不诉诸现代风格来展开这种揭露工作。要做到这一点，我首先需要解释一下我们的某种隐隐约约的局促不安之感，即我们近来已经无法再继续控责，就像我们已经不能再将现代化继续下去一样。我发现上半部分已经无法再为我们的批判姿态提供某种根基。

现代人有时求助于自然，有时求助于社会，有时求助于上帝，又时不时地将这三者的超验性与内在性对立起来，这样他们找到了结束其愤慨的动力。什么样的现代人会不再求助于自然的超验性来批判权力的蒙昧性？会不再借助于自然的内在性来批判人类的惰性？会不再借助于社会的内在性来批判人类的顺从与自然主义的危害？会不再借助于社会的超验性来批判人类对于个体自由的错觉？会不再借助于上帝的超验性并将之用于人类的判断和顽固不化的事物？会不再求助于上帝的内在性来批判既已确立的教会、自然信念和社会梦想？倘若如此，它将是一个可悲的现代人，要不就是后现代人：对于控责他们仍然怀着强烈的渴望，只是已经没有力气继续相信这六个地方法院的合法性了。剥夺现代人愤慨的权力，似乎【44】
就是要剥夺他们所有的自尊。对于批判性的知识分子而言，剥夺他们用以控责的这六个基础，简直就是要否定他们继续活下去的理由。当人们不再全身心地忠诚于现代制度之时，我们是否会觉得已经失去了自己最好的一面呢？它不正是我们的活力、我们的道德力量、我们的伦理的源泉吗？

吕克·波尔当斯基和劳伦·戴伍诺(Laurent Thévenot)在一本书中终结了现代式的控责；他们的那本书，对我自己的这本著作而言，就像是夏平和沙佛的书一样重要。弗朗索瓦·弗亥早已经对法国大革命表达了批判性的愤慨，他们的做法也大致如此。"法国大革命已经终结了"，同理，"价值经济学"(Économies de la grandeur)这样一个副标题也可以写作"现代式的控责已经终结了"(Boltanski & Thévenot, 1991)。在此之前，批判性的揭露工作似乎是不证自明的，需要做的仅仅是为愤慨寻找一个理由，并且激情地反对错误的控责。**揭露**是我们神圣的任务，是我们现代人的任务，去揭露错误意识之下的真实思考，或者错误思考之下的真实利益。面对某种异常的狂犬病，谁还能做到平心静气？现在，波尔当斯基和戴伍诺已经发明了类似的狂犬病防治疫苗，他们镇定地比较了控责的所有资源——城市为我们提供了大量的司法原则——并且将当下法国人用以诉讼的种种方法交织起来。他们并没有指责他人，也没有揭露任何人，只是表明我们是如何控告他人的。在这里，批判精神不再是一种资源，而是一个话题，一种对于他人的竞争力，一本告诉我们如何表达愤慨的语法书。他们所进行的并不是一种批判性的社会学(a critical sociology)，而是默默地开始了一种有关批判的社会学(a sociology of criticism)。

多亏了这一系统研究所打开的小小裂缝，我们才得以不再虔诚地坚守现代批判精神。当替罪羊机制(scapegoating mechanism)日渐成形之时，我们是否还要声嘶力竭地投入到控诉之中？甚至，要揭露隐藏于表层之下的真实动机，人文科学也不再是我们的最终资源。它们也成为了分析的一部分(Chateauraynaud, 1990);它们也为司法提出了某些问题,也变得愤怒并富于批判精神。人文科学的传统也不再具有高于行动者的优先权——在先前,其任务是揭露其无意识行动背后的那有待解释的实在(Boltanski, 1990)。人文科学不会因此就遭到人们的过多指责,今后它也不是我同事们的主要关注点。控责者与其所控责之人简直就是一丘之貉。我们并没有真正地相信控责的工作,而是将之视为一种"历史形态",这种"历史形
【45】态"当然影响了我们的某些事务,但是并没有为之提供解释,就像是在1789年诸事件中革命形态所提供的解释一样。控责和革命都已经被扔进了历史的故纸堆之中了。

波尔当斯基和戴伍诺的工作完成了勒内·吉拉尔(René Girard)所预测和描述过的运动。按照吉拉尔的观点,现代人根本没有进行过真实的诉讼。但与吉拉尔不同,波尔当斯基和戴伍诺并没有认为客体不值一提。为了让受害人形成机制(victim-formation)机制发挥效用,那些被公示于众之被告必须真的犯了某项罪行(Girard, [1978]1987)。如果受害人成了替罪羊,就说明控诉机制已经发挥作用了,某些无辜的替罪羊被错误地控告了,并且只能毫无理由地顺从大众而且承担一切损失。从被控告者向替罪羊的转变就这样使控诉归于无形。然而,这样一种失效并没有给现代人带来些许慰藉,因为他们的一系列罪行的原因恰恰在于他们从未对一个真正的有罪当事人提出一次真正的控诉(Girard, 1983)。不过,吉拉尔并没有认识到他自己竟然给出了一个更加严厉的辩词,他指责客体并没有真正发挥作用。他认为,只要我们想象一下争端中所涉及的相关客观证物,我们就会被"模仿欲望"(Mimetic Desire)的错觉所俘获。正是这种欲望,也只有这种欲望,赋予了客体以它们本身所不具有的某些价值。而就其自身而言,它们丝毫不起作用,也无关紧要。与波尔当斯基和戴伍诺一样,吉拉尔通过揭露控诉过程永远地耗尽了我们的控诉才能。但是,吉拉尔更加加重了现代人蔑视客体的倾向(吉拉尔确实相信这一控诉的力量,并用尽心力地对之进行讨论),而且在这种得之不易的蔑视中,他看到了最高形式的证据——道德(Girard,1989)。这真是位了不起的控责者。波尔当斯基和戴伍诺二者著作的重要性在于,尽管取消了控责,但他们还是将司法过程中

的客体置于其分析的核心地位。

一旦控责被取消之后,我们是否就缺少了道德基础呢? 在控责的道德判断之下,还有另外一种通过分类和选择而起作用的道德判断。它被称为约定、联盟、联合、结合,另外还包括谈判或妥协。查尔斯·拜吉(Charles Péguy)过去常说,与一种刚性的道德相比,我们更加需要一种柔性的道德(Péguy, 1961b)。一种能够对现代人之现实方案的选择和分配施展经常性影响的非官方道德,同样也具有有效性。它之所以被蔑视,是因为它不能容忍人们的愤怒;它之所以有效,之所以被视为是高尚的,是因为它能够追踪具体情境和网络所留下的蜿蜒小径。另外,它被蔑视,也是因为它将客体纳入在内,而这些客体与其说对我们的期望具有举足轻重的地位,倒不如说它们仅仅是某些略可接受的道德范畴。就如现代制度蔑视它所接纳的杂合体一样,官方道德也蔑视它所容许的约定和客体。在客体与主体 【46】 的对立之下,是转义者的汹涌大海。在道德的庄严之下,是对环境和事实的谨慎选择(Jonsen and Toulmin,1988)。

2.14　我们从未现代过

现在,我面临着一个选择:或者我相信现代制度此两翼之间的截然两分,或者我需要研究现代制度所允许的与所禁止的,所澄清的与所规避的。不管我是在为纯化的工作做辩护——对于现代制度,我承担了清洁工和警醒的守护人的角色——还是对转义的工作和纯化的工作都进行了研究,我都不再是一个彻头彻尾的现代人。

我已指出现代制度规避了人们对它的理解,并建议揭示那些支撑其存在的实践形式,亦断言批判机制虽然依旧存在却已无多大裨益。凡此种种,我是否是在暗示我们正在进入现代纪元之后的一个新纪元呢? 从字面上看,我是否就是后现代人了? 后现代主义仅仅是一个征兆,并不是一个鲜活的解决方案。它存在于现代制度之下,但并不信任现代制度所提供的那些担保者。在它看来,在现代批判中,有些研究已经误入歧途,但是它所做的也仅仅是延长这种批判,尽管它并不相信其根基(Lyotard, 1979)。尽管网络能够赋予其所谴责的纯化工作以意义，但是后现代主义并没有继续对这些网络进行经验研究，而是相反，它拒绝所有的经验工作并认为经验工作是虚幻的、是伪科学(Baudrillard, 1992)。尽管失望的理性主义者及其追随者们事实上已经感觉到，现代主义已经终结了，但他们却继续接受其对时间的分割方式，这样，他们也就仅仅是以成功的革命为依据来划分时代。他们似乎觉得已经来到了现代“之后”，却又怀着一种否定的情绪，即根本不存在另外的“之后”了。“没有将来”是针对现代人的箴言“没有过去”所增添的一个口号。有什么会保持不变呢？片段式的瞬间和毫无根据的批判，因为后现代主义者并不相信那些使他们可以进行谴责和发泄愤恨情绪的理由。

只要我们在追随着官方制度的同时，也追随其所禁止之事和所允许之事，只要我们细致地研究杂合体的产生及其消亡的过程，另外一个解决方案就会慢慢显现出来。我们就会发现在现代制度的意义上，我们从未现代过，这也就是为什么我们没有揭穿(那些将其主张的对立面付诸实践的)人
【47】 们的错误意识的原因。任何人都未曾现代过，现代性从未开始过，从未存在过任何一个现代世界。过去的有用性在此就显得尤为重要的，因为它只是人们在回忆往昔时的一种情感，是对我们历史的再解读。我并不是说我们正在进入一个新的时代；相反，我们不可能再继续后-后-后现代主义者(Post-post-postmodernist)们的轻率旅行了；我们没有义务再去担当先锋队中的先锋队组织了；我们亦无须费尽心力以使自己变得更加聪明，甚至是更富批判性，抑或是更加深入到一个“怀疑的时代”之中。不，相反，我们发现，我们甚至都未曾开始进入现代的旅程。因此，后现代思想家们似乎有点可笑之至，他们声称超越了一个从未开始过的时代！

这样一种回溯式的态度，所进行的工作仅仅是展现而非揭露、增加而非删减、亲善而非指责、挑选而非披露，我特别将其称为非现代(nonmodern 或者 amodern)。只要一个人同时将此两者——现代人的制度与现代制度虽然拒绝却又允许其增殖的杂合体——纳入思考范围，那么他就是一个非现代人。

现代制度可以解释一切，但它仍然忽略了那些中间状态。“它无关紧

要，它什么都不是"，它认为网络"仅仅是一些残渣"。杂合体、怪物——唐娜·哈拉维(Donna Haraway)将之称为"赛博"(cyborg)和"魔术师"(trickster)(Haraway, 1991)，现代制度亦放弃了对它们的解释——与一切事物都有关联；它们不仅构成了我们自身的集体，而且也构成了其他的被不恰当地称为前现代的集体。当马克思主义的双重启蒙似乎可以解释一切时，当其所有解释失败之后并使得前现代人在失望之中迷失时，我们发现解释并没有开始并且一直都是如此；发现我们从未现代过或者批判过；发现并不存在一种过去或者旧制度(Old Regime)(Mayer, 1982)；发现我们从未真正超越过古老的人类学的基质，而且也不可能存在其他的方式去超越它。

需要注意是，我指出我们从未现代过，认为仅仅是一些非常小的区分将我们与其他集体分割开来，这并不意味着我就是一个反动者。反现代式的回应虽然强烈地反对现代制度所带来的后果，但最终却又完全接受了它。反现代者试图为地方性、精神、理性、过去、普遍性、自由、社会或者上帝进行辩护，仿佛这些实体真的存在着，并且事实上拥有现代制度之官方部分所赋予它们的形式，它们所发生的变化仅仅在于其表示愤怒的符号和方向。反现代者甚至接受了现代人的奇特癖好，接受了这一观点，即某一个时代已经无可挽回的逝去了，过去必须被整个取消。不管人们是想保留这种过去还是想摒弃它，那出类拔萃的革命性观点，那认为革命仍具可能性的观点，依然被保留下来。今天，这一观点似乎言过其实了，因为革命仅 【48】
仅是历史上众多资源中的一个，对于其他很多资源来说，革命性、不可逆性与它们毫无关联。认为现代世界是一个整体的不可逆的发明，它与过去完全决裂，这一观点所拥有的力度，就像是说法国大革命催生了一个新生的世界一样。即便被视为网络，但就像革命一样，现代世界对于实践的扩展仍难以发挥有效作用，对于知识的流通也难以起到推动作用，对于社会的扩展所起的作用也将微乎其微，亦无法显著增加行动者的数量，同样也难以改变人们陈旧的信仰。当我们将之视为网络时，西方式的革新仍然非常清晰，也非常重要，但是它们将难以再作为某种宏大历史而存在，难以作为某种截然断裂的历史而存在，也不具有无法逃避的命运，更不再是不可逆的善与恶的来源。

反现代者，就像后现代人一样，接受了其对手的施展领域。另外一个更加宽泛的并且更少争议的领域已经展现在我们面前：非现代世界的领域。这样一个中间王国(the Middle Kingdom)[1]就像是中国一样，非常的巨大，但对它我们所知甚少。

〔1〕 不管是法语的Empire du Milien，还是英语的Middle Kingdom，其本义都是指代中国。不过，拉图尔在此用它表示主体极与客体极之间的中间地带。

3 革　命

3.1　现代人，亦是其成功的牺牲品

如果现代人所拥有的批判工具能够使他们战无不胜的话，那么，为什么如今他们却对其自身的命运犹豫不决呢？如果现代制度的有效性的确依赖其隐蔽性的话，那么，为什么现在我却能够将之与其启发性的一半联系起来呢？对我而言，这两组实践之间的关系确实需要改变，从而能够使我们追随纯化的实践和转译的实践。如果我们不再全身心地坚持现代化的任务，这一机制必定会遭遇一些难以预见的困境。几年前，要将网络展现出来似乎还是很荒唐可笑的事情，那么当时到底发生了什么使得纯化的工作无法进入人们的思考范围呢？

可以这么说，现代人已经成为其自身成功的牺牲品。我承认，这还是一个非常粗劣的解释，但问题似乎是：现代性的制度框架在否定杂合体存在的同时却又允许其存在，然而，当这一框架无法使得杂合体各就其位之时，集体的动员范围就会终结杂合体的增殖。现代制度已经不堪自身重负轰然倒塌了，而且也被它所认为的实验材料、同时又无视其对社会建构之影响的杂合体淹没了。第三等级的人数太多了，我们无法用某种客体秩序或者主体秩序来忠实地表征他们。

当一系列真空泵的出现成为唯一重要的问题时，它们仍然可以被归为

两大类，即自然定律和政治表征。然而，当我们发现自身也正在遭受着诸如冷冻胚胎、专家系统、数字计算机、传感器、杂交玉米、数据库、精神治疗
【50】药物、装有雷达探测装置的鲸鱼、基因合成器、受众分析师等的侵扰时，当我们每天的报纸都在长篇累牍地报道这些怪物时，当所有这些怪物都无法被恰当地归入客体一侧或者主体一侧甚至两者之间时，我们必须开始行动了。现代制度在解放了转义实践的同时，却又否定了它；但似乎正是由于这种实践，现代制度的两极最后又被融合到了一起。而且，似乎也不再有那么多的评论家和批评家赞成对杂合体进行分割了。就像我们的司法程序一样，纯化系统也面临着重重困难。

如果现代世界的发展还没有在作为一方面的自然与作为另一方面的人类大众之间确立起某种网络关系的话，现代框架的寿命也许会稍许延长。只要自然远离人类并且处于人类的控制之中，它就仍然大致类似于传统之中的制度性一极，而科学也就仍被视为揭露自然的纯粹的传义者(intermediary)。自然似乎依旧被视为超验的，它不知疲倦并且远离人类。然而，如果这样的话，我们又将臭氧层空洞问题、全球变暖或者森林砍伐问题归于何类呢？又将这些杂合体置于何处？它们属于人类吗？是的，因为它们是人类的产物。它们是自然的吗？是的，因为它们并不是我们所创造的。它们是地方性的还是全球性的呢？两者都是。因为作为医药和经济发展的一个结果，不管是好还是坏，人类都在不断使之增殖，因此，很难对它们进行具体的定位。人们生活在什么样的世界之中呢？我们是生活在一个生物学、社会学、博物学、伦理学还是社会生物学的王国之中呢？这是我们自己的事情，然而，人口统计学和经济学的定律却绝对性地超越于我们。人口统计学上的定时炸弹是地方性的还是全球性的呢？两者都是。因此，我们无法再将现代人的两个制度性担保——物的普遍定律与主体的天赋权利——单纯地划分于自然一侧或者社会一侧。为饥饿问题所困扰的人们和这个可怜的星球这两者的命运被同样的戈耳迪之结联系起来，只不过这次不会再有亚历山大来为我们解开它了。

接下来，我们讨论一下现代人是如何崩溃的。现代制度吸收了一些反例、一些例外——事实上，也正是在它们之上，现代制度才繁荣起来。然

而，当这些例外不断增加时，当作为第三等级的物和第三世界联合起来试图影响它的议会时，它显得是那么的无助。为了将那些与野性思维（见图3.1）毫无二致的例外包含进来，我们需要勾画出一个与现代制度完全不同的空间，因为它将填充起现代制度所认为空无一物的中间地带。对于纯化实践——水平线——来说，我们需要加入转义的实践——竖直线。

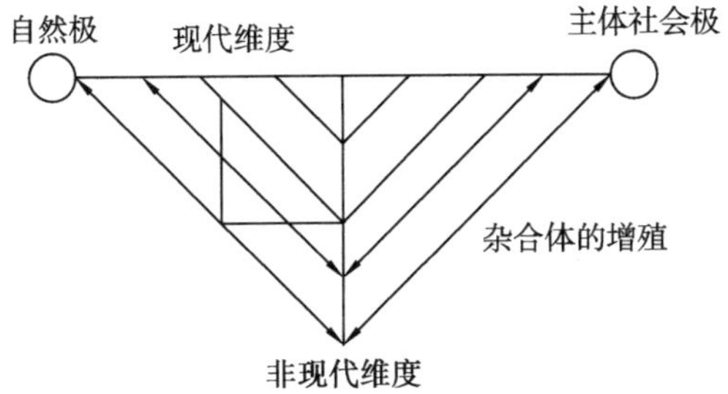

图 3.1　纯化和转义

我们并没有单独将杂合体投射到其经线之上来追随它的增殖，而是同时确认其在纬线上的身份。对于此危机，我在一开始就给出的诊断现在变得非常清晰了：现代人的制度性框架已经难以容纳杂合体的增殖了。在实践中，现代人一直都在使用这两个维度，而且他们对于这两者也非常清晰，但是他们从未明了这两组实践之间的关系。如果非现代人要试图理解现代人的成功和失败，他们必须要强调此两者之间的联系，这样也才不至于沦入后现代主义的泥淖。通过同时性地展现此两种维度，我们可以将杂合体容纳进来，给予它们一个位置、一个名称、一个容纳之所、一种哲学和一种本体论，同时，如果可能，我也希望给予它们一种新的制度。【51】

3.2　何为拟客体

同时使用经度和纬度这两个维度，可以确定这些奇怪的新杂合体的位置，并且理解我们这样做的理由，这就需要我们利用科学论来界定我从米歇尔·赛塞尔斯（Michel Serres）那里借用来的两个概念：拟客体（quasi-objects）和拟主体（quasi-subjects）（Serres, 1987）。要做到这一点，我们只需理解图 3.2 就可以了。

长期以来,社会科学家们一直批评普通人的信念系统,并称这种信念系统为"自然化"(Bourdieu and Wacquant, 1992)。普通人想当然地认为,神的力量、货币的客观性、时尚的吸引力、艺术的美都是来自于某些内在于
【52】自然事物的客观属性。社会科学家们则更加深入,他们指出箭矢事实上走了另外的方向,从社会到客体。神、货币、时尚和艺术仅仅为我们的社会需求和利益提供了一个表面的空间。至少自埃米尔·涂尔干(Emile Durkheim)以降,这就是进入社会学领域所必须接受的基本训练(Durkheim, [1915]1965)。要成为一个社会科学家,就必须要认识到客体的内在属性丝毫不起作用,它们仅仅是人类范畴的一个容器。

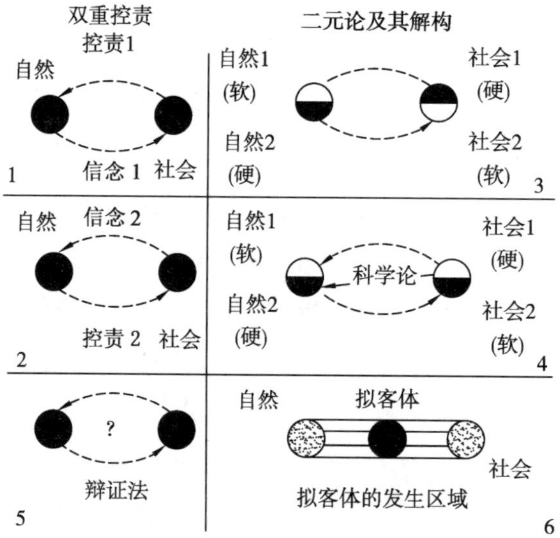

图 3.2 何为拟客体?

然而,困难之处在于如何将这一控责形式与另外一种完全相反方向的控责协调起来。普通人、纯粹的社会行动者、一般的公民认为他们可以自由地改变其期望、其动机,也可以任意改变其合理性策略。这样,其信念的箭矢从主体/社会一极射向了自然极。不过,值得庆幸的是,社会科学家头
【53】脑依然清醒,他们指责、揭露并且奚落关于人类主体和社会之自由的这种幼稚的信念。这次,他们使用自然事物——这毫无疑问是科学的产物——来展示它是如何决定、激发和塑造可怜的人类所拥有的那些不稳定的、易变的意愿的。"自然化"不再是一个不好的词汇,而是成为了社会科学家与

自然科学家结盟的一个口号。现在，所有的科学（自然科学和社会科学）都被动员起来，用以将人类变为由客观力量所控制的木偶，这种客观力量只能为自然科学家或者社会科学家所认识。

只有将这两种批判资源并置，我们才能理解社会科学家缘何如此难以就客体达成一致。他们只是坚持了二象之见。在第一种控责之中，客体一文不值，它们仅仅是存在于那里的一块空白屏幕，上映的是社会科学家们所导演的电影；对第二种控责而言，它们又太过强大，并且塑造了人类社会，对于那些制造出它们的科学而言，其社会建构的过程又隐蔽不见。客体、事物、消费品、艺术品要么太弱，要么太强。不过，更为奇怪的是社会被交替赋予的角色。在第一种控责之中，社会如此强大并且是一种自成一类的存在（sui generis），与被其取代的超验自我相比，它同样也不具有更深层次的原因。它如此具有始发性，因此它足以塑造和界定哪怕是任何无形的事物。然而，在第二种控责之中，它却变得软弱无力，反过来被那强有力的客体所塑造，其行动也完全由客体所决定。面对那些要么太过强大、要么太过不确定的客体之时，社会既过于强大又过于软弱。

对于这两个相互矛盾的控责的解决方法非常具有说服力，因此它已经在社会科学家领域获得了普遍的承认，它被称为二元论。自然极将被分割为两部分：在第一部分的清单中包含了其“更软”的部分，即社会范畴的投影屏幕；第二部分则包含了其“更硬”的部分，即那些决定人类范畴之命运的原因：科学和技术。主体/社会极同样遭受了这种分割：这包括其“更硬”的部分，即自成一类而存在的社会因素，也包括其“更软”的部分，这部分由科学和技术所发现的力量而决定。社会科学家们则满心欢喜地在这两个部分之间跳来跳去而不会招致麻烦。例如，神仅仅是视社会秩序之需而定的一个偶像，而社会规则却又要由生物学来决定。

当然了，社会科学家们的这种交替变换并不具有说服力。首先，这些清单的确定具有偶然性，自然所包含的“软”的清单将社会科学家所厌恶的那些事物聚集到了一起：宗教、消费、流行文化和政治；而“硬”的清单则由他们素朴地信奉的科学构成：经济学、遗传学、生物学、语言学或者脑科学。【54】
第二，如果客体一文不值，那么为什么社会需要投影到具有任意性的客体之上呢？我们对此毫不知悉。难道是因为社会太过脆弱，需要不断被复活吗？这太可怕了，难道要像美杜莎的脸一样，只有通过镜子才能看得到？此外，如果宗教、艺术或者时尚，必须要“反映”、“具体化”、“表现”、“体现”社会，这是社会理论家们所青睐的几个动词，那么，客体最后也不是其共同制造者吗？难道在隐喻的意义上社会真的就不是由神、机器、科学、艺术和时尚所构成的吗？既然这样，在图 3.2 的第 1 个图示中，下方的箭头中所包含的“公共”行动者的错觉何在呢？或许，社会科学家太过轻易地忘记了在将自己投映到事物上之前，社会难道不需要首先被制造、建造或者建构出来吗？如果其建造原料不是非社会的、非人类的资源，那么还会是什么呢？对于社会理论来说，此种结论是一个禁区，这是因为除非人们通过另外一种“硬”的科学来宣称它的存在，社会理论并没有客体的概念。当然，对于这种“硬”的科学而言，它们又太过强大，以至于能够轻而易举地决定社会秩序，这一次，社会秩序又成为了一个脆弱的、非物质性的领域。

二元论或许是一个无力的解决方案，但它为社会科学提供了 99% 的批判资源。如果不是科学论颠覆了它的话，它还会洋洋自得地生活于其不对称的世界之中，因为没有其他什么事物可以对其构成威胁。讨论进行至此，二元论似乎还是有效的，因为社会的“硬”的部分被用于“软”的客体，而“硬”的客体却又仅仅被运用于社会的“软”的部分(Bourdieu and Wacquant, 1992)。通过运用他们所构造的可靠的社会科学，并且接受其所完全信任的自然科学，社会科学家们确立起了社会秩序，并进而否定了他们所不相信的那些实践。让科学的社会研究之爱丁堡学派引以为豪的事情，正是他们试图进入这一禁区(Barnes, 1974; Barnes and Shapin, 1979; Bloor, [1976]1991; MacKenzie, 1981; Shapin, 1992)。他们使用了那些原先专属于自然之“软”部分的资源，来揭露其更“硬”的部分——科学自身！简而言之，他们把涂尔干对宗教进行的研究与布尔迪厄对时尚和品味进行的研究同样运用到了科学之上，他们天真地认为社会科学是不会变化的，就像是对待宗教或者艺术一样，很简单就可以把科学纳入进来。然而，这里存在着一个巨大的差别，当时人们也并未认识到这一点。社会科学家事实上并不信任宗教或者大众消费，不过，从其科学主义的心灵最深处，他们就信任科学。

这样，二元论游戏中的这一个缺口，很快就颠覆了其整个大厦。当然了，科学的“社会”研究最初所做的事情并未成功，这也就是它仅仅昙花一现的原因——仅仅足够揭露二元论糟糕的缺陷。通过以同样的方式处理自然的“更硬”的部分与其“更软”的部分（也就是，将之视为由自在的社会之利益和要求而决定的偶然性建构），爱丁堡的鲁莽之士们将二元论者从 【55】
其一半的资源中剔除出去。事实上，他们很快也认识到自己也被剔除出去了。社会武断性地制造出了万物，包括宇宙秩序、生物学、化学和物理定律！对于自然的“硬”部分而言，这一主张的不合理性非常明显，而且我们很快就会认识到对于自然的“软”部分而言，它也是荒谬的。客体并不是社会范畴的无形容器，不管是“硬”容器还是“软”容器。在看清了二元论者手里的底牌之后，科学的社会研究学者们接着又揭露了在第一个控责与第二个控责之间的不对称性，同时，至少在否定性的意义上，他们也揭露了与那些控责伴随出现的社会理论和认识论，都是一些何其糟糕的建构。社会并不是如此的强大，也不是这般的脆弱；客体既不脆弱至斯，亦不强壮至斯。人们必须完全重新思考客体和社会的双重位置。

“科学论”已将社会科学逼入困境。要摆脱这种困境，诉诸辩证推理毫无用处。人们可以如愿以偿地通过很多的箭头和反馈回路将自然和科学两极连接起来，但这仍然无法重新定位我所要讨论的拟客体和拟主体。相反，与二元论范式相比，辩证法对场点的忽视更加严重，因为它假装通过回路、螺旋形上升和其他复杂的特殊符号克服了它。辩证法完全没有击中要害。拟客体位于两极之间、之下，正是在这里，二元论和辩证法不停地绕弯子，却没能够与之妥协。与自然的“硬”的部分相比，拟客体要更加社会性、更加具有被构造性和集体性，但它们绝不是一个成熟社会的信手拈来的容器。另一方面，与社会投映（我们并不知道为何会有这种投映）之上的那些无形屏幕相比，它们又更加的实在、更加非人类、更加客观。此前的很长一段时间里，社会科学家们要么不遗余力地控责“软”事实，要么毫无批判精神地利用科学。而现在，科学论却又进行了一项不可能的任务，即为硬的科学事实提供社会解释，这使得每一个人不得不重新思考客体在集体建构过程中的角色，并进而对哲学发起了挑战。

3.3 横跨于裂缝之上的哲学

主流哲学试图将现代制度和拟客体（处于不断扩展中的中间王国）吸收进来，但这种吸收又是如何可能的呢？在对之进行简化之后，我们可以分辨出三条主要策略：第一条策略在于，要在客体和主体之间确立一个巨
【56】大的分裂，并且要不断地增加其间的距离；第二条是人们所说的“符号学转向”(semiotic turn)，它关注的是主客之间的状态，摒弃极端；第三条是分离出了存在(Being)的观念，进而拒绝在客体、话语与主体之间的整个区分。

我们首先对第一组策略进行简要概述。拟客体越是增多，主流哲学就越认为此制度性的两极不可通约，即便当他们宣称其最紧要的任务是实现它们之间的和解时仍然如此认为。这样，通过禁止其所允许的、允许其所禁止的，现代哲学以自身的方式证明了现代性的悖论。当然，每一种此类哲学要远比我的拙劣总结精致得多。就定义上而言，它们都是非现代的，因为现代根本就没有真正开始过，因此它们所清楚表述出来的问题，与我所试图表述的完全一致，尽管我的表述较之远为拙劣。它们官方的和通行的解释版本，在定义其任务的方式上，却表现出了一种惊人的连续性，即采取各种手段，在不接受拟客体的前提下使其增殖，从而继续维持那将我们与过去、与其他的自然-文化完全分开的伟大分界。

正如我们已经看到的，霍布斯和波义耳的争论之所以如此激烈，是因为他们几乎从未尝试将作为一极的自然的、沉默的非人类与作为另一极的有意识的、具有语言能力的人类区分开来。当时这两种人类的建构物还非常相似、非常接近于其共同的起源，因此这两位哲学家所能做的也仅仅是对杂合体进行了些许分割。正是借助于康德主义，我们的现代制度才得到了其规范的表述。将一种纯粹的差别进一步强化为一个彻头彻尾的分界，这一过程就叫做哥白尼革命。自在之物变得难以理解，同样，超验的主体也绝对性地远离了世界。不过，这两个担保者之间仍然保持了明显的对称性，因为通过对这两种纯粹形式（自在之物和主体）的运用，知识只有在中

间状态、在现象之中才可以被理解。杂合体确实被接受了,但仅仅被视为两种纯粹形式按照一定比例而构成的混合物。显然,转义的工作是可见的,因为康德所采取的诸多步骤也就是为了从遥远的物的世界过渡到甚至更加遥远的自我的世界。不过,这些转义者仅仅被接受为单纯的传义者,后者仅仅是背叛或者传输纯粹形式——只有这些纯粹形式才是可辨认的。不断增加传义者的层级,使得人们对拟客体角色的接受成为可能,但是这并没有给它们以本体论地位,因为这样做会招致对"哥白尼革命"本身的怀疑。时至今日,这种康德式的表述仍然随处可见,人类的心灵被赋予某种能力,使得它们能够武断地将形式赋予那些无形但真实的物质身上。可以肯定的是,作为诸多客体旋转核心的太阳王,应该被其他的觊觎者所颠覆——社会、知识、精神结构、文化范畴、主体间性、语言,但正是由于上述 【57】
原因,这些宫廷革命并未改变其关注焦点,即我所说的主体/社会。

辩证法的伟大之处在于,通过吸收所有神圣的、社会的和自然的事物,它试图最后一次穿越前现代的整个领域,并进而避免康德主义在纯化的工作与转义的工作之间的矛盾。然而,辩证法却挑错了矛盾。它确实努力确认了在主体极和客体极之间的矛盾,但它没有看到在整个现代制度之间的矛盾;现代制度不仅确立了自然,而且还确立了对拟客体的纯化工作,这种纯化不仅存在于19世纪,就算是在20世纪也非常盛行。或者说,辩证法认为,它应该通过解决第一个而吸收第二个。不过,黑格尔认为他摒弃了康德在自在之物与主体之间的分裂,但他导致了一个与人们的生活更加相关的分裂。他将之提升到了矛盾的层面,将之推到了顶点甚至超出了顶点,进而使得它成为了历史的推动力。17世纪的差别到了19世纪成为了一个分裂,接着在同一世纪又成为了一个更加彻头彻尾的矛盾。它为整个阴谋上紧了发条。如何以某种更好的方式来表述现代性的悖论呢?辩证法进一步扩大了将客体极与主体极所分开的深渊,然而最后它又超越并抛弃了这一深渊,据此它认为自己已经超越了康德!辩证法所讨论的仅仅是转义,然而正是这些充斥于其辉煌历史之中的转义,却成了用以传输某些纯粹的本体论性质(既不是其右翼版本的精神,也不是其左翼版本的物质)的传义者。最后,如果说还存在某对无法调和的范畴的话,那就是自然极和精神极,因为它们的对立面既被保留下来,同时又被取消——也就是说,被否定。没有人能够比辩证法更加现代了。辩证学家无可争辩地成为了最伟大的现代性制造者,更加有力的一点在于他们似乎确实收集了全部的知识和历史,并使之支撑起了现代批判的所有资源。

拟客体却仍在增殖:第一次、第二次和第三次工业革命中的那些怪物、那些社会化的事实和人类都被转变成了自然世界的某些元素。完整的体系刚刚完成,它们就开始普遍地分崩离析。在历史的尽头之后,仍然还会有历史,不管是什么样的历史。

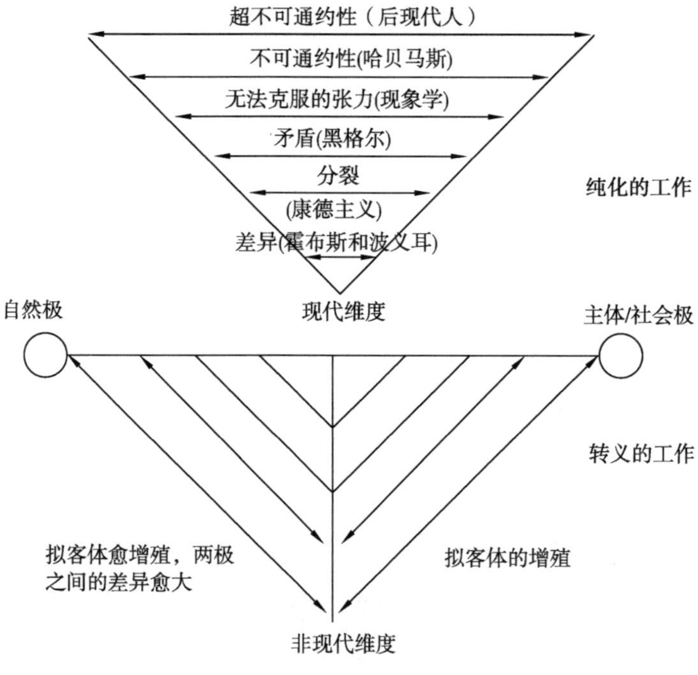

图 3.3 现代的悖论

最后,现象学再次确立了一个巨大的裂缝,不过这次的基础更加脆弱:它抛弃了纯意识和纯客体这两极,并且试图填平目前正在扩大的深渊,因为它觉得无法将之纳入到自己的体系之中,进而在两者的中间状态上完全

【58】 展开自己。再次,现代性的悖论被更推进一步。意向性(intentionality)的概念将差别、分裂、矛盾转变为了在客体与主体之间的无法逾越的张力。辩证法的希望泯灭了,因为这种张力没有解决方案。现象学家们认为自己

比康德、黑格尔、马克思走得都远，因为他们不再赋予纯主体或者纯客体以任何的本质。他们觉得自己仅仅是在谈论转义，后者并不需要归属于任何一极。然而，像诸多的现代性制造者一样，他们所追踪的仅仅是在两极之间的一条线并赋予其最高的重要性。纯粹的客观性和纯粹的意识被丢弃了，而它们却仍在那里。事实上，它们更进一步地存在着。"对某物的意识"仅仅是一座横跨于日渐增宽的深渊之上的、脆弱的人行桥。现象学家们不得不缴械投降——是的，他们确实投降了。与此同时，加斯东·巴什拉的双重事业——通过将科学与常识割裂开来进一步夸大了科学的客观性；通过认识论的断裂(epistemological breaks)又夸大了想象的无目的性的力量——对于这一无可解决的危机、对于现代性正在经历的这一车裂之 【59】
刑而言，就是一个恰当的例子。(Bachelard, 1967; Tile, 1984)

3.4　终结的终结

故事的续集却不自觉地发生了一次滑稽的转折。巨大的鸿沟越宽，我们的整个事业就越像是走钢丝并在其上做劈腿动作一样危险。到此为止，所有的哲学运动都是非常深奥而又严肃的，它们确立、探索并且伴随了拟客体的巨大发展；不管是何物，它们都相信自己可以吞下这些客体并且将之消化。通过仅仅谈论纯粹性，它们的目标也仅在于理解杂合体的工作。所有这些思想家们都对精确科学、技术和经济学保持了强烈的兴趣，因为他们认识到，其中既包含了风险同样也提供了救赎的可能性。但是，后继哲学应该讨论些什么呢？首先，我们应该如何称呼它们？现代哲学？不，因为它们并没有试图继续坚持此链条的两端。后现代？还尚未到来，尽管糟糕的后现代终究还是会到来的。让我们称呼它们前-后现代(pre-post-modern)吧，以此来表明它们仍处于过渡期。它们重新提出了那曾经的不可通约的差别、分裂、矛盾以及那无可征服的张力。

作为整体的现代制度已经宣称，在主体的世界和客体的世界之间，并不存在共同的测量尺度，但是它却很快又从事了相反的工作，仿佛用同样的度量来衡量人和物，并在传义者的伪装之下增加转义者，这立刻又抵消了其前面的工作。从前-后现代人的立场来看，他们确实认为具有语言能力的主体与自然客体、技术有效性之间是不可通约的；或者说，在具有语言能力的主体的可通约性仍然不强的情况下，他们也应该如此。因此，他们抵消了现代方案，同时却又声称他们为之正位，因为他们坚持了现代制度中谈论纯粹性的一半而忽视了进行杂合化实践的另外一半。他们想象并不存在任何的转义者，一定不存在。一方面是主体，他们创造了语言、解释学和意义，并且使得物的世界缓慢地随波逐流；另一方面是反映和过程，科学家和技术专家们采取了同样对称性的态度。解释学越是编织其网络，自然主义也越是做同样的事情。但历史分界的重复却成为了一幅讽刺画：一方面是 E. O. 威尔逊及其基因；另一方面是拉康（Lacan）及其精神分析对
【60】象。这对孪生兄弟不会再坚定不移地忠诚于现代性的目标，因为他们不再试图去研究某些悖论，这些悖论存在于我们所禁止的杂合体的增殖过程之中，存在于对两者之不可能具有的关系的设想过程之中。

当人们为了挽救现代方案而为之进行辩护时，情况变得更加糟糕。尤根·哈贝马斯（Jürgen Habermas）就曾进行过此种尝试（Habermas，1987），结果却令人失望之至。他最后是否意欲表明无论何者都无法将物与人彻底分开呢？他是否要重提现代方案的旧事呢？他是在证明实践中的操作为现代制度提供了辩护基础，而后就像戴高乐和尼克松承认中国大陆一样接受那数之不尽的杂合体吗？恰恰相反，他断定最大的危险来自于人们对具有语言与思维能力的主体与纯科学、技术理性之间的混淆，旧的意识哲学竟然允许这种混淆的存在！"我已经指出，关于客体知识的范式应该被有关主体之间语言能力、行动能力的相互理解范式所取代"（p. 295—296）。如果说有人挑错了对手的话，那一定是 20 世纪的这种已经被取代的康德主义，它试图加剧作为一方的主体认知视角下的客体与作为另一方的交往理性（communicational reason）之间的鸿沟；然而，旧意识至少有助于人们接近客体，进而有助于取消此制度性两极的人为起源。不过，当拟客体已经增殖到如此程度，以致人们难以发现，某一单独个体能够或多或少地类似于一个具有说话能力的主体或者一个具体的自然客体时，哈贝马斯却仍然试图制造两极之间的不可通约性。在工业革命期间，康德没有完

成这一任务，哈贝马斯又如何在第六次或者第七次工业革命之后做到这一点呢？尽管如此，康德还是增加了传义者的层级，从而使得他能够重新确立起在自在之物与超验自我之间的过渡。当技术理性与人类的自由讨论之间仍然相差十万八千里之时，这样做无异于缘木求鱼。

前-后现代似乎与旧制度末期封建势力的反应有些类似：荣誉的获得并非多么困难，而贵族等级的测算也并不准确。然而，再在第三等级与贵族等级之间制造一个绝然的分裂，为时已晚！我们也无法再次完成哥白尼革命并使得事物围绕在主体间性周围旋转。哈贝马斯及其追随者仅仅是禁绝经验性的考察以便能够继续坚持现代方案，其主要著作一共有500来页，但未有一个案例研究（Habermas，[1981]1989）。这样一种经验考察很快就会注意到第三等级，而且也会使得他们与其他可怜的话语主体密切地联系在一起。哈贝马斯可能会说，如果交往理性能够取得成功，那就让网 【61】络灰飞烟灭吧。

然而，他还是非常诚实的，也是值得尊敬的。甚至是在现代方案的讽刺画中，我们仍然可以分辨出18世纪启蒙运动的荣耀，尽管它已经风光不再，也可以认识到19世纪“批判”的回音。甚至，尽管人们着迷于将客观性与交往完全分裂，但是我们仍然可以从实现这种分割的不可能性之中，找到一条线索、一个暗示、一点痕迹。对于后现代人而言，他们成功地抛弃了现代方案。我尚未找到一些足够恶心的词来形容这一智力运动。或者说，在这种智力上的稳定性之中，人类和非人类被置于随波逐流的境地，我称之为“超不可通约性”（hyper-incommensurability）。

只需一个现代性的例子就可以证明思想的逊位以及后现代方案的自我失败。“作为一个哲学家，我可以分析一下这场灾难所带来的后果”，当某些好心的科学家问及让-弗朗索瓦-利奥塔（Jean-François Lyotard）如何对科学与人类共同体之间的联系进行概念化时，他如此回答：

> 我只是指出，科学的发展与人类毫无关系。或许，我们的大脑仅仅是某些复杂过程的临时负载者。因此，这就需要我们将这一过程与它到目前为止的负载者分离开来。我确信，这就是你们

这些人[科学家!]所正在从事的工作。计算机科学、基因工程、物理学和天体物理学、航天学、机器人技术,所有这些都被用以在独立于现实生活的条件之下来维护这种复杂性。然而,如果我们用人性来代指拥有某种文化传统(这种文化传统在我们的这个星球上,在某一准确地点,在某一特定时期,被确立起来)的集体的话,我却看不出它在哪一方面是人性的。我毫不怀疑,这种"非人类"的过程给人类带来破坏性后果的同时,也带来了某些有用的虽然并不是特别重要的益处。但这与人类的解放事业毫无干系。(Lyotard, 1988, p. xxxviii)

科学家对这种灾难性的估算大惊失色。不过,面对那些继续信任哲学家之有用性的科学家,利奥塔用一种低沉的语气继续说道:"我想,你们可能还得等上好长时间!"不过,崩溃的仅仅是后现代主义,并不是哲学(Hutcheon, 1989; Jameson, 1991)。后现代人认为他们仍然是现代的,因为他们接受了作为一方面的物质和技术世界与作为另一方面的具有语言能力之主体的语言游戏之间的区分——因此忘记了现代制度的下半部分;或者是因为他们仅仅重视那些随波逐流的网络和大杂烩的杂合体性
【62】质——因此忽视了现代制度的上半部分。不过他们错了,因为真正的现代人总是会偷偷摸摸地增加传义者,从而试图概念化杂合体的大量增殖与纯化。科学总是与波义耳的空气泵或者霍布斯的利维坦之类的共同体紧密相连。这一双重矛盾,即在作为一方面的自然和社会的两个制度性担保者之间的矛盾,与作为另一方面的纯化实践与转义实践之间的矛盾,都是现代式的。后现代人相信那三个术语之间的绝然分裂,并真的把科学家视为外星人,他们相信物质是非物质性的、技术是非人性的、政治仅仅是一种虚幻,而且还完全取消了作为张力之根源的推动力。据此而言,后现代人确实终结了现代主义。

对后现代人而言,只有一件值得肯定的事情:即在他们之后,将是空无一物。后现代人并不是最后一批人,但是他们却代表了对于终结的终结;也就是说,他们终结了人们用以终结的方法,并且终结了人们以一种不可

思议的速度继续前进从而走向成功、走向一种更加激进也更加革命的批判。如果在自然和社会之间的张力消失了，或者在杂合化的工作与纯化的工作相分离的情况下，我们如何才能走得更远呢？我们是否需要设想一种超级的超不可通约性(super-hyper-incommensurability)呢？后现代人是历史的终结，更加有趣的是他们还真的信以为真。为了清楚地证明自己并不幼稚，他们声称对于那种终结怡然自得！“你可别指望从我们这里获得什么”，鲍德里亚和利奥塔会很开心地这样说。然而，就像他们说自己并不幼稚一样，他们也没有权力来终结历史。他们只不过是陷入了先锋队的死胡同之中，而且又毫无后继部队。鲍德里亚鼓吹，让我们酣然大睡吧，直到千禧年的到来，并且让我们去从事其他的工作吧。或者说，就让我们再走一次过去的老路，让我们停止前进吧。

3.5　符号学转向

当现代化的哲学在现代制度的两极之间玩弄杂技从而试图吸收不断增殖的拟客体时，另外一种策略开始浮现，它试图占据中间的地盘，而且这种中间地盘仍在不断扩大。这一策略并不关注极端的纯化工作，而是关注它的转义过程之一：语言。不管我们以“符号学(semiotics 或者 semiology)转向”还是“语言学转向”(linguistic turn)称谓之，所有此类哲学的目标都是把话语视为独立于自然和社会之类的转义者，而不是将人类主体与自然世界联系起来的类似于透明的传义者。在过去的半个世纪里，这一独立的 【63】
意义领域已经了获得了我们时代最具才华的灵魂的关注。如果说他们也将我们带入僵局的话，就如当下的现代主义者所声称的那样，这并不是因为他们成为了“被遗忘者”或者“被抛弃的参考背景”，而是因为他们自己将其事业仅仅限定了在话语领域。

此类哲学认为，如果一方面不将作为参考框架的自然世界排除在外，或者另一方面不将言说或者思维主体的身份摒弃不论的话，那么意义的自治性就不可能。对他们来说，语言仍旧占据了现代哲学的核心(对康德来说，就是与现象的接触点)。他们并没有使之或多或少的透明化或者或多或少的隐晦化，也没有对之坚持或多或少的忠实或者或多或少的背弃，它占据了整个的空间。语言已经成为自身的一个定律，成为一个掌管自身及其世界的定律。“语言体系”、“语言游戏”、“意符”(signifier)、书写(writing)、文本(text)、文本性(textuality)、叙事(narratives)、“话语”——所有这些用于表示“符号帝国”(the Empire of Signs)的某些术语，扩展了巴特(Barthes)那本著作的标题(Barthes, [1970]1982)。当现代化的哲学家们正在不断唤醒客体与主体之间的距离、将其分裂开来并使之不可通约时，语言哲学、话语哲学或者文本哲学却正占据了那仍保持空白的中间地带，并认为自己远离了已经被其排除掉的自然和社会(Pavel, 1986)。

这些哲学的伟大之处在于它们抛弃了所指与言说主体的双重暴政，从而发展了诸多的概念而为转义者辩护——转义者不再是一种能够将意义在自然和说话者之间进行双向传输的简单的传义者或者载体。文本和语言制造了意义，它们甚至产生出了内在于话语和内在于(一定话语之中的)说话者的指称(reference)(Greimas, 1976; Greimas and Courtès, 1982)。只凭自己它们就可产生出自然和社会，而且它们步步为营，通过一系列多少有些奇怪的操作，从其他的叙事形式中析取出了它们的实在原则。意符被赋予首要地位，意指(signified)则在其左右穿梭，毫无任何优先权。文本具有首要地位，它所表达的或者传递的意思则是次要的。说话主体被转变为了由意义效应所产生的诸多虚构物，对作者而言，它也仅仅是其著作的一个产物(Eco, 1979)。被言说的客体也就具有了滑行于文本之上的实在效果。万物都成为了符号和符号体系：建筑和烹饪、时尚与神话、政治——甚至无意识自身(Barthes, [1985]1988)。

然而，此类哲学的最大弱点在于，它们使得在自治的意义与它们所暂
【64】时搁置的所指(referent)(从自然的角度)和言说者(社会/主体的角度)之间的联系变得更加困难。科学论再次给它们制造了麻烦。当人们将符号学运用到科学话语之上而不仅仅是小说之类的文学作品时，话语的自治性就成为了一个阴谋。从修辞学的角度来看，当它吸纳的是真理和证据而不是信念与诱惑时，它的整个意义就会发生改变。当我们处理科学和技术时，总是难以将自己想象为一段正在书写自己的文本、一段自言自语的话语、

一场没有意指而只有意符的游戏。将整个宇宙还原到一场宏大叙事、将亚原子粒子物理学还原成一段文本、将地铁系统还原为一堆修辞策略、将所有的社会结构还原为一段话语，这并非轻而易举就能完成。“符号帝国”并不会比亚历山大的帝国更加长久，而且正如亚历山大帝国一样，它也被其将军们瓜分并重新分配(Pavel, 1989)。某些人希望通过重新确立说话主体甚或是社会团体进而保证语言之自治系统的合理性，为了达到这一点，他们不得不求助于旧的社会学。其他一些人则试图通过重新确立与所指的联系来减少符号学的不合理性，这次他们选择了科学或者常识的世界来重新确定话语。社会学化(sociologization)，自然化，可选择的范围总是这么狭窄。还有人则保持了帝国的原动力并开始解构自身，他们总是在说自治、自治，到最后，却自行分崩离析。

从这一关键转折点之中，我们已经认识到，要摆脱自然化和社会学化所面临的诸多困境，唯一方法就在于保证语言的自治性。如果不是这样的话，我们如何才能展现自然和社会之间的中间地带从而容纳拟客体和拟主体呢？各种形式的符号学为我们追踪语言的转义提供了一个绝妙的工具箱。不过，它规避了与所指的联系和语境的联系这两个问题，因此它也使得我们无法彻底追踪拟客体。正如我所说的，这些同时都是真实的、话语性的，也都是社会性的。它们属于自然、属于集体、属于话语。如果一个人通过将自然交付给认识论者、将社会托付给社会学家从而实现语言的自治的话，那他将无法把这三种资源重新缝合到一起。

最近，后现代的发展局势表明，他们甚至都没有尝试过确立它们之间的联系，就已经将现代批判的自然、社会和话语这三种重要资源并置起来。如果它们仍被视为截然不同的，如果这三者都与杂合化的工作分开，那么它们呈现给现代世界的将是一幅可怕的图像：近乎完美的自然和技术；仅仅由错误意识、幻影和错觉构成的社会；仅仅由与万物所分离的意义效应【65】构成的话语；网络由一个随时随地的大杂烩所偶然性地构成，整个的现象世界又使得网络中互不关联的因素漂动不居。够了，这无异于让人跳崖自尽。这就是后现代人陷入无限绝望的原因，这种绝望是从其毫无意义的前辈和老师那里继承而来的。然而，假设后现代人自认为并没有忘记存在

(Being)——最糟糕的是,他们竟然真的忘记了——他们也就不可能处于如此窘困并被人抛弃的境地。

3.6 谁忘记了存在

尽管如此,最初,在存在与存在者(beings)之间进行区分的观点似乎提供了一个很好的方法来容纳拟客体,这是现代化哲学与语言转向之外的第三条道路。拟客体并不属于自然或者社会,也不属于主体,同样也不属于语言。通过解构形而上学(即将自身与杂合化的工作相隔离的现代制度),马丁·海德格尔(Martin Heidegger)直指将万物联结到一起的并且远离主体和客体之类的核心点。"在思考存在的过程之中,令人惊奇的是其简单性(simplicity),恰恰是这一点使我们远离了它"(Heidegger, 1977a)。他的工作都围绕这个核心、这个中心(omphalos)展开,在此基础上他认为在形而上学的纯化与转义的工作之间存在着某种联系。"思想已经堕落至非常贫困的境地,只剩下了暂时性的本质。思想将语言概括为简短的话语。在此意义上,语言是存在的语言,就像云彩是天空的云彩一样"(p. 242)。

但是海德格尔很快就丧失了这种善意的简单性。为什么呢?具有讽刺意味的是在一个有关赫拉克利特(Heraclitus,他经常用烤箱烤制面包)的小故事中,海德格尔暗示了出现这一结果的原因。"诸神也在此现身"(Einai gar kai entautha theous),当赫拉克利特的访客非常吃惊地看到,他也像一个普通人一样在温暖其可怜的身体时,他如此向其解释(Heidegger, 1977b, p. 233)。"诸神也在此现身"("Auch hier nämlich wesen Götter an")不过,由于海德格尔及其追随者认为除非沿着黑森林的林中路(Black Forest Holzwege),人们将无法发现存在,正因为如此,他受到了太多如此幼稚的访客的打扰。存在并不存在于日常的存在者之中。到处都是沙漠。诸神并不存在于技术之中——那是存在的一个纯粹的座架(Ge-Stell)(Zimmerman, 1990)、一个无法逃避的宿命[Geschick],也是其最大的威胁[Gefahr]。它们也不能存在于科学之中,因为科学与技术拥有同样的本质(Heidegger, 1977b)。它们亦不存在于政治学、社会学、心理学、人类学和

历史学(关于存在的历史、一段几千年之久的历史)之中。诸神同样也不存 【66】
在于经济学之中,经济学是一种纯粹的计算,它总是落入存在者的泥淖并陷于不断的焦虑之中。同样,我们也无法在哲学或者本体论之中发现它们,因为此两者在2500年前就已经忘记了自己的命运。因此,海德格尔对待现代世界就像是访客对待赫拉克利特一样:充满了蔑视。

然而,"诸神也在此现身":在莱茵河岸的水力发电车间里、在亚原子粒子之中、在阿迪达斯运动鞋和古老的手工木鞋之中、在以农业为基础的综合企业和陈旧的风景画之中、在店主的记账簿和荷尔德林(Hölderlin)那令人落泪的悲情诗歌之中。但是,为什么那些哲学家们却拒绝承认它们呢?因为这些哲学家们认为现代制度所言说的正是其自身!我们将不会再对这一悖论感到奇怪。现代人确实认为技术就是一种纯粹的器械掌控术,科学仅仅是纯粹的座架与压模,经济学是一种纯粹的计算,资本主义是一种纯粹的再生产,主体也就是纯粹的意识。到处都是纯粹性!对于他们的宣称,我们必须小心,千万不要着了他们的道,因为他们所断定的仅仅是现代世界的一半,即纯化的工作——它是对杂合化工作的一种提炼。

谁忘记了存在?没有人,谁也没有忘记,否则自然就会被视为一个纯粹的库存。看看你的四周,科学客体同时作为主体、客体和话语而运转着。存在之中充满了网络。对于机器而言,它们负载着主体和集体。一个存在者如何能失去其独特性、其不完整性、其特征、其存在的轨迹呢?这并不是任何个人就能决定的,否则我们将不得不认为我们真的曾经现代过,我们应该接受现代制度的上半部分。

然而,有人真的忘记过存在吗?的确,任何人,只要他认为存在已经真的被忘记了。正如列维·斯特劳斯所说,"野蛮人首先是那些信奉野蛮的人类"(Lévi-Strauss, [1952]1987, p. 12)。那些没有能够对科学、技术、法律、政治、经济、宗教或者小说进行经验研究的人,将会错过那弥漫于存在者之中的存在的痕迹。如果你蔑视经验研究,如果你远离了精确科学,接着远离了人文科学、传统哲学、语言科学,如果你只是在自己的王国之中盘膝打坐,那么,在末了你就会真真切切地感受到惨痛的损失。但是,你丢失的只是你自己,而不是整个世界!海德格尔的追随者们已经将这一突出的缺点转变为了一个优点。"我们并不知道任何经验研究,但这并不重要,因为你们的世界中缺失了存在。我们使得存在——哪怕是其点滴的星星之火——安全地远离万物,而你们,虽然拥有了其他的一切,但你们还是一无所有。"恰恰相反,我们拥有了一切,因为我们拥有存在和存在者,而且我们
【67】从来也没有错过存在和存在者之间的差异所留下的痕迹。我们正在实施海德格尔没可能完成的计划,他却不明白关键之处在于,对于一个从未放弃古老人类学之基质的更宏大的机制而言,他们仅仅抓住了其中一半,而且他相信现代制度对其自己的言说。没有人会忘记存在,因为现代世界从未存在过,同样的原因,形而上学也未存在过。我们一直处在前苏格拉底、前笛卡尔、前康德和前尼采的时代。任何激进的革命都无法将我们与过去分开,因此也就不需要什么反向的反革命来引导我们回到那些从未被放弃过的东西之上。是的,与海德格尔相比,赫拉克利特是一个更好的引导者:"在此,诸神又一次现身了。"

3.7 过去的开始

我们可以通过三种不同的策略来感知拟客体:首先,在自然极(自在之物)和社会极或者主体极(人自身)之间日益加剧的分裂;第二,语言或者意义的自治化;第三,对西方形而上学的解构。有四种不同的资源可以帮助现代批判来推进这些艰难的任务:自然化、社会学化、话语化,最后是忽视存在。如果只基于这四者其中之一,是不可能理解现代世界的。如果我们将它们放到一起,却没有将之联结成为一个整体,情况将会更加糟糕,因为这样做的后果只能是给人带来一种具有讽刺意味的类似于后现代主义的失望。所有这四种资源,都无法完成追踪杂合体的增殖和纯化的任务。如果想要跳出后现代人的分析框架,重新利用这四种资源就足够了,不过,它们必须要被缝合到一起,而且也必须要使其在将拟客体或者网络纳入的前提之下展开工作。

如果这四种批判资源仅仅作为其彼此争论的一个结果而出现的话,我们又如何能使得它们一起工作呢?我们必须要重走一次老路,从而展现出

一个足够大的智力空间来容纳纯化的任务和转义的任务——也就是说，现代世界的两个部分。但是我们如何才能重复老路呢？现代世界难道不也是服从于时间之矢吗？它难道就没有与过去截然断开吗？在经历了一系列灾难性的巨变之后，现代时期取代了前现代，同样，它又将不可避免地被"后"现代时期所取代。难道目前的挫败不正是从"后"现代时期中产生的吗？难道历史尚未终结吗？在容纳现代制度的同时，也要试图将拟客体纳入其中，我们必须要思考一下我们当下现代人的框架。既然拒绝走到后现 【68】代之后，如果我们不对时间的流逝本身进行改动的话，那么我们也就无法回到一个我们未曾离开过的非现代世界。

我们已经将自己从拟客体的定义引导至时间的定义了，而时间同样也包含现代的和非现代的维度，包含其经度和纬度。查尔斯·拜吉在其《克里奥》(*Clio*)之中对此作出了最好的阐述：在历史酝酿过程中的一个惊人的转义(Péguy, 1961a；也可参见 Latour, 1977)。历法时间要求我们根据有规律的日期序列来界定事件，而历史性则要求我们用其自身的强度来界定这一事件。如果将维克多·雨果(Victor Hugo)的《老顽固》(*Les Burgraves*)——一种没有历史性的时间累积——与博马舍(Beaumarchais)的一小段话——对于没有历史的历史性而言，这是一个绝妙的例子——进行比较的话，这就是历史的沉思所给予我们的滑稽解释：

> "如果有人告诉我，哈托(Hatto)是马格努斯(Magnus)(维罗纳侯爵，诺里格的城主)的儿子，同时又是高赫鲁阿斯(Gorlois)的父亲，高赫鲁阿斯则是哈托(萨雷克的城主)的私生子，我什么都没有学到"，她(克里奥)说道。"我并不认识他们。我将来也不会认识他们。但是当有人告诉我，凯鲁比诺(Cherubino)死了，在一场暴风骤雨中，他死在了其领地之外的一个城堡里。呀，我确实知道了些事情。而且，我对于我被告之之事也非常清楚。内心深处的一阵颤抖警醒我记住了我所听到的事实。"(p. 276；仿宋字为原作者所标)

时间的现代通道仅仅是历史性的一个特殊形式。我们又是从何处得来已经逝去的时间这一概念的呢？是从现代制度本身。在此，人类学提醒了我们：人们可以采取几种方法将时间通道视为一种循环、一种衰退、一种下降、一种不稳定性、一种回归或者持续性的呈现。为了小心谨慎地将之与时间相区分，我们可以称呼对通道的这种解释为时间性（temporality）。现代人有一种特别的倾向，就是认为已经逝去的时间仿佛真的将过去抛在了后面。他们把自己当成是阿提拉（Attila）了，仿佛他们也能像他一样让其身后寸草不生。他们并没有感觉到中世纪已经过去好几百年了，他们被哥白尼革命、认识论的断裂、认识的分裂如此严重地分离开来，因此，在其体内任何过去都无处存活，也不应该存活。

> “进步的观念，从根本上而言就是一个理论的储蓄银行，”克里奥说道，“普遍而言，它的所有一切都预示着，它为整个的人类共同体创造了一个巨大的世界性的储蓄银行；为全部的人类共同体创造了一个庞大的、具有普遍性甚至全宇宙通用的、自治的知识储蓄银行。自治性即是说，人们总是往里存钱而从不会从中取
> 【69】钱；即是说银行的本金也会主动而又不知疲倦地自我增值。这就是有关进步的理论，这就是其蓝图，一段可以不断攀登的梯子。”（Péguy，1961a，p. 129）

正由于万物的历史永远都是无法复原的，因此，现代人确实感受到了时间，就像是资本化和进步的观念一样，是一支无可逆转的箭矢。但是，由于这种时间性，被强加于一个尽管具有完全不同的运转机制却又同样具有时间性的体制之上，因此，它也招致了广泛的反对。正如很久以前尼采就分析过的，现代人饱受了历史主义（historicism）的折磨。他们试图拥有万物、并赋予万物以时间，因为他们觉得自己已经与过去完全决裂了。对革命讨论的越多，他们所能保存下来的也就越多；拥有的越多，他们在博物馆可供展示的也就越多。疯狂的解构被同样疯狂的保护所中和。历史学家小心翼翼地将过去逐一复原，这是因为它曾被完全湮没。但我们与那已经

被隔离的过去之间的距离,并不如我们所设想的那么遥不可及。是的,这是因为现代的时间性并没有对时间通道发生多大影响。过去被保存下来,因此它甚至可以被复原。然而,现代人无法理解这种继续,他们视之为被压制者的重返(the return of the repressed),他们视之为拟古主义(archaism)。“如果不小心谨慎”,他们认为,“我们将会重返过去,将会重回那黑暗的中世纪”。现代人是否可以消除那些他们认为应该消除的东西,从而能够让人们觉得时间一去不复返了呢? 不,历史的重构和拟古主义,便是现代人对此无能为力的两个证明。

如果认为革命是取消过去的一种不成功的尝试,那么我将会再次被扣上保守派的帽子。这是因为对于现代人及其反现代的对手和错误的后现代对手来说,时间的箭头是明确无疑的。人们可以选择前进,不过,在这之后,他必须与其过去决裂;人们也可以选择后退,然而,在此之后,他也必须要与现代化的先锋队(他们与其过去彻底决裂)划清界限。直到最近几年以前,这一敕令还一直掌控了现代思想,当然,它对于转义的实践是毫无作用的,因此转义总是会像前现代人一样,将时间、类型和思想视为异质的。现在我们知道了,如果还存在一件事情我们无法完成的话,那就是革命,不管它是发生在科学领域、技术领域,还是政治或者哲学领域。然而,即便我们对此失望之至,我们也仍然是现代的,就好像拟古主义已经浸入了一切事物之中,好像从来就未存在过那样一个垃圾场,在那里我们可以重新组装起我们身后的那些被压制的事物。当我们试图通过将那些过时的、陈旧的因素放入到一个包含所有时间的大杂烩之中时,我们仍然是后现代的。 【70】

3.8　革命性的奇迹

现代的时间结构与现代制度(它默默地将自然和社会这两种不对称性联系在一起,并且默许杂合体能够不断增殖)之间存在着何种关系呢? 为什么现代制度会迫使我们将时间视为一种革命、而且是一场不断上演的革命呢? 科学论对于历史的大胆介入,再次为我们提供了这一问题的答案。科学社会史试图使文化史的一般分析工具不再局限于软的、偶然的、地方性的人类实践,而是要将之运用到硬的、必然的、普遍的自然现象之上。再次,历史学家相信他们将会轻而易举地为历史的城堡插上一只新翼。又再一次,对科学领域的介入使得他们不得不重新思考“常规”历史中绝大部分的隐蔽假设,就像他们曾经对社会学、哲学或者人类学的假设所做的一样。现代的时间概念,因为其根植于历史学科之中,它——非常奇怪地——依赖于某一具体的科学概念,这种科学概念可以控制自然客体的介入与退出,同样也可以将之奇迹般地凸现出来。

现代时间由一系列前后相继的无法解释的异常现象所构成,这是由于科学史或技术史与纯历史之间的差别所致。如果你将波义耳和霍布斯以及他们的争论排除在外,如果你无视空气泵的建造工作、无视英格兰贵族的培养过程,你又将如何对波义耳的发现作出说明呢? 空气弹性的观念并不是无中生有,此前它已是全副武装。为了解释那些令人极度困惑之事,你又试图要构造一个时间图景,要使之与那些奇迹般出现的新事物(虽然这些事物早就已经存在于那里)相适应,并且也与人类的建构物(当然,非人类的因素从未制造出过它们)相切合。激进革命的观点就成为了现代人所能想象出的唯一的救命稻草,用之以解释现代制度所禁止同时又允许的杂合体的出现,并且规避另一个怪物:即事物本身具有自己的历史这一观念。

我们有充分的理由相信,政治革命的观点借自于科学革命(Cohen,1985),其原因很容易理解。拉瓦锡(Lavoisier)的化学思想是如何成为一种全新的思想的呢? 这是因为这一伟大的科学家隐蔽了其建构痕迹并且切断了他与前人的所有联系,这就使我们看不到其前人的痕迹。他这是在作茧自缚,人们以同样模糊不明的启蒙运动的名义,将之送上了自己为其前
【71】 辈所设置的断头台,历史真是一个绝妙的讽刺(Bensaude-Vincent, 1989)。在现代制度之下,科学或技术创新的起源成为一个秘密,这仅仅是因为定律虽然是人类所构造的地方性产物,但是其普遍的超验性被套上了不容反思的禁令,并且也只有如此才能避免人们对它的揭露。从人类历史自身来看,它是一个充满了争吵的偶然产物。这样,就存在两种不同的历史:一种历史讨论的是具有普遍性的必然事物,它们一直都在场,却毫无历史性可

言,其间所充斥的仅仅是革命或者认识论的断裂;另外一种历史则关注那些可怜的人类,他们彻底与物分离,其所拥有的仅仅是具有或多或少偶然性的或者具有或多或少持久性的骚动与不安。

基于偶然性和必然性、历史性和非时间性之间的这种区分,现代人的历史不断被非人类事物的出现所打断——毕达哥拉斯定理(Pythagorean theorem)、太阳中心说(Heliocentrism)、万有引力定律、蒸汽机、拉瓦锡化学、巴斯德的牛痘疫苗、原子弹、计算机——每一个这样的历史时刻,总有一个奇迹般的开端,并将超验科学之历史的每一个具体表现世俗化。人们从时间上将计算机区分为"前计算机时代"和"后计算机时代"("BC"and"AC"),这就像人们对"公元前"和"公元后"("Before Christ"and"After Christ")的区分一样。尽管人们在断言现代命运时,常常都是嗓音颤抖,也不那么肯定,但他们甚至还是走到了使用"犹太教—基督教的时间概念"的程度。当然,这样一种观念本身是与历史不符的,因为不管是犹太教的术士还是基督教的神学家,他们对现代制度从未表现出哪怕是一丁点的倾向。他们的时间体制是围绕"在场"(即是说,上帝的在场)展开的,而不是围绕真空、DNA、微芯片或者其他的什么自动工厂……

现代时间与"犹太教—基督教"毫无关系;而且,幸运的是,它也并不是一个具有持久性的概念。如果我们将中间王国,按照在那些尽管自身没有历史却在历史中出现的事物(自然物)与那些一直具有历史性的事物(劳动力和人类的激情)之间的无情区分、并使用含有一系列箭头的线条表示出来,那么,可以说这是对此点的一个真实写照。这样,自然与文化之间的不对称性就转变成为了过去与将来之间的不对称性。过去是物与人的混合体,而将来则不会将两者混合起来。现代化不断地走出人们将社会的需要与科学真理混合起来的含混期,以便能够进入一个新的时代,从而最后将那些属于非历史之自然的事物与来自于人类的事物、将那些以自然物为基础的事物与属于符号领域的事物清晰地区分开来。现代时间产生于重叠在一起的两种区别,即过去与将来之间的区别和另一种更具重要性的转义与纯化之间的区别。现在之呈现,是由一系列激进的断裂、革命所勾画出来的,但是它又拥有那么多的单向棘刺使得我们永远都难以回到过去。就 【72】

其自身而言，它与音乐节拍器的韵律一样空洞无物。但正是沿着这一条线索，现代人设计出了多样化的拟客体，并在这些客体的帮助之下，人们可以追踪两种系列的不可逆的运动：一种是向上的、进步性的，另一种则是向下的、蜕化性的。

3.9 正在逝去之过去的终结

现代制度在前所未有的范围内将整个世界和所有共同体动员起来，这极大地增加了那些构成自然和社会的行动者，但它们的增殖却丝毫没有暗示一种高度秩序化的、对称性的时间通道。不过，多亏有了时间这一特殊结构，现代人才能够将那些新行动者的增殖秩序化，将之区分为要么是资本主义的形式（人类征服之物的不断积累）、要么是野蛮人的入侵（那带给我们的将是一系列的灾难）。在历法时间、进步性的时间、蜕化性的时间这三条线索中，我们都可以确定反现代人的位置，他们接受了现代时间，只不过逆转了其方向。为了消除进步或者蜕化，他们试图返回过去——仿佛就真的存在着那么一个过去！

我们生活在一种新的时间之中，它与过去完全决裂——这样一种现代性的印象，其根源何在呢？不管其自身具有哪些联系，不管它如何重复，这都与时间无关吗（Deleuze，1968）？只有当我们将构成日常世界的诸多要素联结起来的时候，才会产生出一种印象：过去是不可逆转的。正是由于其对称性的内聚力、由于在前后相继的时期内被视为具有连贯性的要素之间的相互代替，才给我们造成了一种时间正在逝去的印象，就像是从未来到过去的一种持续的水流，或者如拜吉所说的，一段梯子。如果时间成为一种流动，那么，实体将会成为一种时间性的一步一步前进的东西，并且也会被其他同样与时间相关联的事物所取代。现代时间是对实体强行重组的结果，而这些实体本该是归属于所有类型的时间和过程，归属于没有遭遇这样一种拙劣规训的所有类型的本体论状态。

空气泵本身并不是现代的，就像它也不具有革命性一样。它串联、组合并重新展现了数之不尽的行动者，其中有一些是新的，是以前没有过的，如英格兰国王、真空和空气质量，但并不是所有行动者都是如此，它们的内在关系并不允许它们与过去彻底决裂。现代化与时间同步而行，要获得这样一种印象，就必须要将全部的选择、整理以及分割的工作补充进来。如 【73】果我们赋予波义耳的发现以永恒性，而它们现在突然降临到了英格兰，如果我们按照“科学方法”的线索把它们与伽利略(Galileo)和笛卡尔的工作联系起来，如果我们拒绝波义耳对奇迹的信念并将之视为陈腐之举，那么，我们将会感觉到一种全新的现代时间。一种不可逆转的箭头——进步性的或者蜕化性的——的观念来自于秩序化的拟客体，而现代人却无法解释拟客体的增殖过程。时间的不可逆转性本身是基于科学和技术的超验性，它们事实上逃脱了现代人的所有分析，因为现代制度的这两翼从未一起被阐明过。这样一种分类法的设计，仅仅是为了掩盖自然和社会实体那令人无法容忍的起源——位于下半部分的转义的工作。正是因为他们消除了杂合体的一切痕迹，现代人才得以将它们的这种异质性的重新编排视为对称性的整体，在其中，万物都结合在一起。只有将在历法上具有时间性的因素归属于同样的时间时，现代化的过程才是可以理解的。按此理解，这些要素需要用一种完全熟悉的形式重新组织。如此，也只有如此，时间才会构成一种持续性的进步性的流动，正基于此，现代人宣称自己是先锋，反现代人自称为后卫，而前现代人则被放置到了停滞不前的边线上。

一旦我们将拟客体视为不同时期、不同本体论或者不同类型的杂合体，这一完美的秩序就会被破坏。这样，具体的一段历史时期就可能会给我们造成一种大杂烩的印象。最有可能的情况是，我们所得到的不再是涓涓细流，而是充满着漩涡与湍滩的急流。时间成为可逆的，不再是不可逆的。起初，这并不会影响到现代人。凡是不能向着一个进步的方向稳步前进的，在他们看来，都是陈腐的、非理性的或者保守的。由于也存在着反现代人，他们总是欣喜异常地扮演着反动的角色，这种角色也是现代方案早已为之准备好的。因此，最终将会上演一场最豪迈的反对蒙昧、追求启蒙与进步的戏剧(或者说，疯狂革命派反对理性保守派的反戏剧[antidrama])，当然，这同样也是为了给观众带来更大的乐趣。不过，如果现代化的时间能够继续发挥作用，人们就会觉得，由共享了同一时间的实体所构成的有序阵线仍将具有可信性。这样，一定不会存在太多的反例。如果它们改变太多，人们就不可能谈论拟古主义或者复活那些被压制之物。

拟客体的增殖使得现代时间连同其制度一起分崩离析。或许是在 20 年前，或许是在 10 年前，也有可能就是在去年，随着例外情况——没有人能够将自身定位于一段规则的时间流之中——的不断增加，现代人向着未
【74】来的旅程慢慢停滞下来。首先，后现代建筑的摩天大厦早就存在着了（建筑是这一糟糕用语的最初起源）；接着是伊斯兰革命，没有人会为它贴上革命性或者反动性的标签。从那时起，例外就不断增加，从未停止过。今天，已经没有人能够将那些存在于一致性的团体之内的、属于“同一时间”的行动者加以分类了。如果要对诸如比利牛斯山熊、集体农庄、气溶喷雾剂、绿色革命、天花防治疫苗、星球大战、猎杀鹌鹑、法国大革命、服务性行业、工会、冷聚变、布尔什维克主义、相对论、商海浮沉等进行重新介绍，也不会再有人能够知晓，这种介绍到底是过时的还是时髦的，是超前的还是不具有时间性的，是本来就不存在还是会永久存在的。在美术和政治这两场先锋运动中（Hutcheon, 1989），过于敏感的后现代人所过早感觉到的正是时间流之中的这一漩涡。

然而，通常情况下，后现代主义仅仅是一种征兆，而不是一种解决方法。后现代人保留了现代框架，却将现代化发动者们所捆绑到一起的、处于一个井然有序之系统中的要素重新拆分开来。后现代人的这种拆分是正确的，每一个时间集合体都是多重时间性的（polytemporal）。不过，他们却错误地保留了现代框架，并且继续相信现代主义所要求的新事物会不断出现。通过将过去的要素以一种粘贴画或者引用（citation）的形式杂合到一起，后现代人终于认识到这些引用真的过时了。而且，也正因为它们已经过时，后现代人才将之挖掘出来，以便能够吓唬一下其前面的“现代主义的”先锋队——他们从来都不知道自己到底应该去祭拜哪个神坛。但是，要超越一个从（真正结束的）过去所汲取出来的争议性的引用（quotation），发展到对（那从未消失过的）过去的重现、重复或者重访，还有一段很长的路要走。

3.10 分类与多重时间

幸运的是，我们并不是必须要坚持现代时间及其所主张的前后相继的激进革命，也并不是非得要支持那些试图回到其所坚守之过去的反现代人，同样，也不必一定要认可现代时间——当它面对连续的进步或者蜕化而需要作出自己的选择时（即持肯定态度还是否定态度）——时而自卖自夸、时而满腹牢骚的双簧戏。我们并没有将自己与这一时间永久性地捆绑在一起，它既不允许我们理解过去又不允许我们认识未来，还强迫我们将人类与非人类的整体性搁置于第三个世界之中。或者，更合适的说法是，现代时间已经停止，它不再逝去。让我们停止对现实的不满吧，因为在我们真实的历史与现代化者及其对手所强加于其上的一致性标准之间，所存在的仅仅是一些最含混不清的关系。

时间并不是一个普遍的框架，而仅仅是实体之联系的一个临时产物。现代秩序仅仅是将那些暂时性的要素重新集合起来、捆绑到一起并使之系统化，其目的仅仅是为了维持其自身的整体性，并进而将那些不属于此体 【75】
系的要素消除殆尽。这种尝试是徒劳的，它已经失败了。现在，所存在的将仅仅是——过去也一直是——那些脱离了此系统的要素以及那些其形成时间和存在期限都无法确定的客体。并不仅仅是贝多因人（Bedouin）和昆人（Kung）将晶体管与传统行为、将塑料桶与动物皮革盛器混合到一起。什么样的国度才能不被称为“差异之国”（a land of contrasts）呢？我们都已经达到了将各种时间混合起来的地步。又一次，我们都成为了前现代人。如果我们再以现代人的姿态继续前进，那么，我们是否必须要退回到反现代人的生活方式？绝不，我们必须从一种时间转移到另一种时间，因为这样一种时间，就其自身而言，毫无时间性可言。它只是一种将实体联系起来并且进行归类的手段。如果我们改变分类原则，我们就会基于同样的事件而得到另外一种不同的时间。

举例而言，假设我们能够将时间要素沿着一条螺旋线而不是直线重新组织起来，那么，我们就真的拥有了将来，也拥有了过去。不过，这样的将来仅仅是一个向四处扩展的循环，而过去也无法超越，我们仅仅能够重访、重复、包围、保护、重组、重释、重置过去。如果我们跟随着螺旋线，要素就会显得遥不可及；而如果我们在不同的线圈之间进行比较，要素却又显得近在咫尺。相反，如果我们用直线来判断，那些要素就会显得非常切近；而如果我们穿越一根辐条，它们又会变得非常遥远。这样一种时间性并不强迫我们使用“拟古”或者“前进”的标签，因为每一组暂时性的要素，都可能将来自于不同时间的要素组合到一起。在这样一个框架之中，我们最终就可以认识到行动是具有多重时间性的。

我可以使用电钻，也可以使用锤子。前者的出现已经有 35 年了，而后者则拥有成千上万年的历史。就因为我将来自于不同时间的动作混合到了一起，大家就会认为我是个将“差异”要素杂合到一起的 DIY 高手吗？我是否会成为人种学研究的一个新对象呢？相反，请您向我展示一种行动，并使得它从现代时间的观点来看是同质的。我的一些基因是 5000 万年前的，有些是 3000 万年前的，另外一些则是 10 万年前的；我的某些习惯也可能只有几天，也可能已经存在上千年。正如拜吉笔下的克里奥所言，也如米歇尔·塞尔斯所重复过的，“我们是时间的交流器与酿造器”(Serres and Latour, 1992)。能够对我们进行规定的，并不是现代人为我们所建构的日历或者时间流，而正是这种交流(exchange)。将贵族们召集起来，让他们前后一排站好，您仍然不会得到时间。走入偏僻小径去彻底掌握凯鲁比诺之死这一事件，时间将会降临到您的身上。

那么，我们是非常传统了？也不是。许久以来，人类学家就已经认识到，稳定传统的观点只是一个幻觉。不变的传统全都发生了改变——长久
【76】以来就是如此。具有“百年”历史的苏格兰短裙，在 19 世纪初是用整块布做成的(Trevor-Roper, 1983)；我的家乡小镇坐落于勃艮第(Burgundy)地区，那里的品酒骑士(Chevaliers du Tastevin)，其千年传统也不是 50 年就能形成的，大多数古老的风俗都与此类似。“无历史的人”，是那些自认为拥有全新历史的人所发明的一个术语(Goody, 1986)。实际上，前者还在不断革新；而对于后者来说，虽然也经历了革命的洗礼、认识论的断裂，亦见证了古典与现代之间的不断争吵，但它也只能是不断地重复、再重复。

人天生并不就是传统的，他必须要经历不断地革新才能成为传统的。对过去的完全重复与在任何过去之间都存在彻底决裂的观点，是同一个时间概念的两个对称产物。我们并不能返回过去、返回传统，也不能重复历史，因为这些最稳定的领域仅仅是世界的颠倒图景，它对于今天的人们来说不再具有说服力了：进步、永久革命、现代化以及不断前进的航程。

如果我们既不能前进又不能后退，那又该如何呢？请将大家的注意力转移一下。我们从未向前迈进或者向后撤退过，我们总是在主动地筛选属于不同时间的要素。我们可以继续筛选。是分类造就了时间，而不是时间造就了分类。现代主义——就如随之而来的反现代和后现代一样——仅仅是一小撮行动者之选择的暂时结果，尽管他们是以所有行动者的名义进行的。如果我们中的大多数人，能够再次获得对属于我们时间的那些要素进行选择的能力，我们就会再次发现被现代主义所否定了的自由运动——而事实上，我们从未真正失去过这种自由。我们并不是来自于一个模糊不清的过去，它将自然与文化混淆起来，以期到达一个将来——在其中，借助于当前的连续革命，这两极最终被明确地分割开来。我们从未陷入过一种同质的、全球范围的、既非来自于将来又非来自于时间之最深处的时间流。现代化从未发生过。这并不是说，一个长期处于涨潮阶段的潮汐现在要开始退潮了，因为从来就未曾有过这样的潮汐。我们可以将注意力转移到其他事物上，即回归到那多样性的并且总是以某种不同方式行动的实体之上。

3.11　反哥白尼革命

如果我们许久以前就能够将人类大众与非人类的环境抛在身后，那么，我们很有可能会继续相信，现代时间真的在流逝，并将万物消除于途中。然而，被抛弃者又回来了。人类大众又回来了，不管是东方还是南方，【77】多种多样的非人类事物也从各处赶达。他们不可能再被压制住了。同样，他们也不可能被超越，因为没有什么东西能够再超越他们。与环绕我们的环境相比，没有任何事物能够比其更伟大；对于广大的第三世界来说，亦没有任何东西能够限制他们。我们该如何吸收他们呢？现代人痛苦万分地提出了这个问题。他们如何才能被现代化呢？我们的现代化也许已经完成，我们过去也认为我们能够完成，但是现在，我们认为这是不可能的了。就像是一艘巨大的远洋客轮，它渐行渐止，最终在藻海海域搁浅，现代人的时间最终也在此抛锚。但是，时间却与此无关。存在者之间的联系单独制造了时间。它就是实体之间的对称性联系，这些实体处于那些构成了现代时间之流的连贯整体之中。现在，这种层状流也变得喧闹不安，我们不应该再对那空洞的时间框架进行分析，从而转向正在逝去的时间——也就是说，回归到存在者和它们之间的联系上，回归到那些建构了不可逆性与可逆性的网络之上。

不过，实体的分类原则该如何改变呢？那些非法之人是如何被代表、如何被判定归属，又如何被赋予公民地位的呢？我们并不熟悉那些未知领域（*terra incognita*），那又如何对之进行探索呢？我们又如何从客体的世界或者主体的世界到达我所谓的拟客体或者拟主体呢？要想从超验的/内在的自然过渡到一个真实存在的自然、一个脱离了科学实验室并进而转变为真正的外在实在的自然，我们又该如何做呢？如何才能从内在的/超验的社会转向人类与非人类的集体呢？又如何才能从一个超验的/内在的被搁置一边的上帝转变到一个本原上的上帝、一个或许可以被称为人间上帝的角色之上呢？另外，我们如何进入到网络之中，如何进入到那些拥有千奇百怪之拓扑学和更加不同寻常之本体论的存在者之上，进入到那些既拥有联结能力又拥有分割能力的存在者——也就是说，产生出时间和空间的能力——之中呢？我们又如何对中间王国进行概念化呢？正如我前文所言，我们必须要追踪现代维度和非现代维度，必须同时展现其纬度和经度，如此所为，我们才能够开展地图描绘的工作，也才能使得所描绘的这些地图与转义的工作和纯化的工作相协调。

现代人非常明确地知道该如何对这个王国展开想象。他们并没有通过消除的工作和否定的工作来取消拟客体，仿佛他们所想做的单单就是要压制它们。相反，他们承认拟客体的存在，但是他们却将完全展开的转义者转变为了传义者，从而完全否定了其相关性。一个传义者——虽然是必要的——仅仅是从现代制度的一极向外传送、转移、传输能量。它本身却是空洞的，不具有可信性，多多少少也有些晦涩不清。而转义者则是一个【78】具有原创性的事件，它创造了它所转译的东西，同时也创造了实体并在实体之上实现了其转义者的角色。如果就那么简单地将这种转义角色复归到所有的行动者之上，那么，即便是由完全相同的实体所构成的完全一致的社会，也会脱离现代的窠臼，复归其本来面貌——即是说，非现代的面貌。现代人怎么可以既赋予转义的工作以明确的解释，同时又取消之呢？他们的办法是，将所有的杂合体视为两种纯形式之间的混合物。现代解释就是要将这些混合物劈开，进而从中析取出何者来自于主体（或者社会）、何者来自于客体。接着，他们便不断增加传义者，并试图重构那些已经被其解构的个体，希望仅仅通过纯形式的混合就可以使之重现。这些分析与综合的操作通常包含三个方面：最初的纯化、割裂式的分开，最后是进步性的重新混合。批判性的解释总是从两极开始，然后向中间靠拢，这里既是当初的分割点又是后来相反资源的结合点，也就是在康德的伟大叙述中所认为的现象发生的地方。这样，中间地带被维持下去同时却又被取消、被确认同时却又被否认、被明确分析却又被迫失语。这也就是为什么我能毫无矛盾地宣称没有人曾经现代过，我们也必须停止这样做。要重构已经被丢弃的个体，我们就必须要增加大量的传义者，人们对此已无异议。因此，除了后现代人，没有人会真的相信自然与社会两极（它们与自由流动的、支离破碎的网络完全不同）。然而，只要这些传义者仍被视为纯形式之间的混合物，我们就会不可避免地相信现代世界的存在。所有的分歧，都取决于转义者与传义者之间的细微差异(Hennion, 1991)。

如果想从中间王国自身的角度来展现它，就必须要整个颠倒我们的解释方式。分裂之处——也是联结之处——成为了我们的出发点。解释，不再是从纯形式出发进而面向现象，而是从中心出发朝向两极。后者不再是实体的联结点，而是许许多多暂时的、局部性的结果。按照安东尼·昂尼庸(Antoine Hennion)的观点，各种层次的传义者被转义者链条所取代。这一模型并没有否定杂合体的存在，也没有在传义者的名义之下对之进行拙劣的重构，而是相反，它允许我们将纯化的工作综合为转义的一个特例。

这样，现代概念与非现代概念之间的差别在此显现，因为在非现代视角下，
【79】 纯化被视为一种需要借助于一定的工具、体制和技巧的有用的工作；而在现代范式之下，对于转义的工作而言，它却没有明显的作用，也不具有明显的必要性。

正如我们已经看到的，康德的哥白尼革命使得客体围绕一个新的焦点(focus)旋转，并且增加传义者的数量以中和两极之间渐行渐远的距离，这样，它就为现代化解释提供了一个完美的模型。不过，并没有任何东西要求我们一定要将这种革命作为决定性事件，从而判断我们是否在科学、道德和神学的道路上坚持了正确的方向。这种颠覆或许可以类比于法国大革命，而且它们也是紧密相连的：对于制造时间的不可逆性而言，它们是绝妙的工具，但就其本身而言却并不是不可逆的。我称之为反向颠覆(reversed reversal)——或者说在中心取向与两极取向之间的转向，这种运动能够使客体和主体围绕拟客体和转义的实践而旋转——一场反哥白尼革命。我们不需要为客体或者主体/社会这两种纯粹形式赋以解释，因为，恰恰相反，它们是核心实践的部分性的、纯化的结果，而这种实践正是我们的唯一关注点。我们所梦寐以求的解释确实俘获了自然和社会，但却仅仅是将之作为一个最终的结果，而不是最初的出发点。诚然，自然是在旋转，只不过其旋转的中心点并不是主体/社会，它围绕集体而转，人和事物则从此集体中产生。主体也在旋转，但其中心点也不在自然，它亦围绕集体而转，人和事物亦从此集体中产生。最终，中间王国被表示出来了。自然和社会是它的两个附庸。

3.12 从传义者到转义者

一旦我们完成了这场反哥白尼革命，将拟客体置于下方的位置并使之与以前的自在之物和自在之人类保持等距，这时，如果我们返回到我们的惯常实践之中，就会发现，我丝毫没有理由继续将相关本体论的种类限定为两类了(或者三类，如果我们将被搁置的上帝也包含在内的话)。

是否可以说，目前为止，我们所选定的这一个例子——真空泵，其自身

就是一个新的本体论类别呢？我们不能指望求助于反对称性的历史学家来回答这一问题，因为他们对日常的本体论问题都难以进行定位。对于那些仅仅研究 17 世纪英格兰的历史学家而言，他们对真空泵的兴趣，仅在于使之从思想的天国中奇迹般地显现出来，并将之加入到历史年表中。在他们看来，科学家和认识论者在描述真空泵的物理学时，并不需要向英格兰甚至是波义耳投入哪怕一丁点的关注。让我们放下这不对称的任务吧，因为它要么无视非人类要么无视人类；让我们接下来设想一种对称性的历史 【80】
学家，他们将会对使用转义者或者使用传义者两种情况下的优劣进行比较。

在哥白尼革命的现代世界中，将不会出现新的实体，因为我们已经假设将其本原二分于两极之中：第一部分朝向右侧，最终将成为“自然定律”；第二部分朝向左侧，最终则构成了“17 世纪的英格兰社会”；而我们所要关注的现象领域，却仍然是空的，在那里，两极不得不被重新缝合到一起。这样，通过增加传义者，我们试图将那些刚刚被我们所分开的东西重新紧密地结合起来。我们会说，实验室中的空气泵“揭露了”、“表征了”、“物质化了”或者“使我们掌握了”自然定律。同样，我们也会说，英格兰富绅们的“陈述”，使得人们对气压的“解释”和对真空存在的“接受”成为可能。如果更加靠近分割点、更加靠近联结点一些，我们就从普遍性语境进入到局部性语境。我们将会向大家展现出，波义耳的个人态度和皇家学会的压力是如何影响人们对于空气泵之缺陷、漏洞和误差的理解的。不断增加传义者的数量，我们就会停止将两部分重新联系起来的任务，这两部分最初被绝对性地分割为自然和社会。

按照此种解释，任何本质性的事情都没有发生。为了解释空气泵，我们只需伸出一只手，要么将之放入到那充满了永恒之自然存在者的缸体之中，要么将之放入到另外一个蕴含着社会世界之永恒动力的缸中。自然一直都未改变。社会也总是由同样的资源、同样的利益、同样的激情所构成。从现代的视角来看，自然和社会能够为我们提供解释，这是因为它们本身不需要被解释。当然，传义者是存在的，它们的作用恰恰就是在两者之间确立联系，不过它们之所以能够确立联系，也仅仅是因为它们本身不具有任何本体论的地位。它们仅仅是传送、转移、传输自然和社会这两种唯一真实的存在者所蕴含的力量。可以肯定的是，就算是这种传送工作，它们也做得非常糟糕，它们并不可靠，或者说蠢不可及。不过对它们而言，可靠的缺失并不多么重要，因为，恰恰相反，这证明了其传义者的地位。它们的能力并不是自己的。往坏处说，它们仅仅是一些畜牲或者奴隶；往好处说，它们亦不过是一些忠心的奴仆。

如果我们已经实现了这场反哥白尼革命，那么，我们将不得不更加严肃地对待传义者的工作，因为它们的任务将不再是传输自然和社会的力量，因为它们将难以再制造出同样的实在效果。现在，如果列举出那些具有独立地位的实体，我们就会发现，它们远不止两种或者三种。它们会有
【81】一打。自然是否厌恶真空？到底是泵中真的存在真空还是有某些细微的以太漏入呢？皇家学会如何继续为空气泵的漏洞作辩护？当绝对权力的问题尘埃落定时，英格兰国王又是如何同意让人们再次讨论物质的性质、又是如何重新确定其心腹的呢？物质的机械化是否就使奇迹看上去更具真实性呢？如果波义耳将自己献身于普通的实验事业并且放弃其演绎性的解释(后者是成为一个学者的唯一条件)，他是否会成为一个受人尊敬的实验家呢？这样的问题是不可能在自然和社会之间得到解决的，因为它们都将重新定义什么是自然、什么是社会。自然和社会不再是一种解释术语，它们仅仅是某种需要共同解释的事物。围绕着空气泵的工作，我们见证了一个新波义耳的形成，见证了一个新的自然、一种新的奇迹神学、一种新的学术上的社会性、一个今后将包含了真空、学者和实验室的新社会的诞生。历史造就了它们。每一个实体都是一个事件。

我们对空气泵之改进历程的解释，将既不再使用自然之缸也不再使用社会之缸内的资源。相反，我们会将这些缸清空，然后重新注满，或者至少从根本上改变其内容。自然的形象将会异于波义耳的实验室，对英格兰社会而言亦是如此；当然，波义耳和霍布斯也需要同等程度的改变。如果仅有自然和社会这两种存在物亘古长存，或者如果前者永远不变而后者则仅仅是历史之产物的话，这种改变将难以理解。要理解它们，恰恰相反，就必须要将本质性重新赋予组成这段历史的所有实体。不过，如果这样，它们

就不再是简单的，具有或多或少可靠性的传义者。它们成为了转义者，即它们成为了某种行动者，并被赋予了转译其所传输之物的能力，赋予了重新界定之、展现之或背叛之的能力。奴隶再次成为了自由民。

如果我们将先前被自然和社会所拥有的存在，赋予所有的转义者，那么，时间通道将会变得更加容易理解。在哥白尼革命的世界中，万物都必须在自然和社会两极之间构成，历史事实上并不起作用。要么自然仅仅是被发现，要么社会仅仅是被展现，或者说，将其中一个运用于另外一个。现象也仅仅是既已存在之要素的相遇。确实存在着一种脱离了自然事物之必然性的、偶然的历史，但这仅仅是对人类而言的。只要我们从中间地带开始，只要我们将解释的箭矢逆转，只要我们拾起那原先堆砌在两极之上的本质性并将之重新分配给所有的传义者，只要我们将后者的地位提升为充分的转义者，那么历史将真的成为可能。时间并不为空无而存在，它是 【82】
为了真实而存在。对波义耳、空气弹性、真空、空气泵、国王以及霍布斯而言，确实发生了某些事情，它们的确也都被改变了。所有的本质都成为了事件，不管是空气弹性还是凯鲁比诺之死，亦都如此。历史，将不再仅仅是人的历史，而且也成为了自然事物的历史。

3.13　指控，因果性

这场反哥白尼革命，实际上也就是要改变客体的位置，将之从自在之物剥离，从而靠向共同体一边，但是又不至于太过靠近社会。为了完成这一置换或者降落，米歇尔·塞尔斯的工作，至少与夏平和沙佛或者昂尼庸的工作同等重要。正如塞尔斯在其最重要的一本书中所言："我们要对客体的浮现进行描述，这不仅包括某些工具或者美妙的雕像，同样也包括一般的、本体论意义上的物。客体是如何与人类发生接触的呢？"（Serres，1987）。但是，他的问题在于，他"在书本中，无法发现人类主体在建构客体之时所需要的最原始的经验，因为书本被书写就是为了掩盖这些经验，为了阻塞进入其中的道路，也是因为话语的喧嚣淹没了在全然的沉寂中所发生的事情"（p.216）。

我们拥有成千上万的神话故事，可以用以描述主体（或者说集体、主体间性、知识）建构客体的方式——康德的哥白尼革命仅仅是沧海一粟。然而，对于故事的其他方面，如主体如何建构客体，我们却身无长物以用于对它们的说明。夏平和沙佛有幸接触到了有关波义耳思想和霍布斯思想的某些档案文件，但没有发现任何与空气泵的沉默实践及其所要求的灵敏度相关的材料。历史之第二部分的证言，并不是由文本或者语言构成，而是由沉默的、冷酷的诸如泵、石头和雕像之类的历史残留物组成。尽管塞尔斯的考古学可以被定位于空气泵下面几层，他也还是遭遇到了同样的沉默。

> 以色列人在伤痕累累的哭墙（Wailing Wall）前吟颂圣歌：圣殿仅仅就剩下这些层层相叠的石块了。在那样一个距离今天如此遥远的年代，当哲人泰勒斯（Thaleäes）——他与我们的距离就像是基奥普斯（Cheops）与他的距离一样——立于埃及金字塔旁边时，他看到了什么、做了什么、又想到了什么呢？他如何凭借这一堆石头就发明了几何学呢？所有的伊斯兰教徒都梦想着可以到麦加（Mecca）朝拜，因为在那里，黑色的神圣之石被保存于天房（Kaaba）之中。在文艺复兴期间，现代科学诞生于对诸如石头降落到地面之类的落体运动的研究。为什么耶稣会用彼得之名来
> 【83】命名他所建立的基督教堂呢？在这些代表了一个新时代的例子中，我有意将宗教与科学混合在一起。（Serres，1987，p. 213）

塞尔斯如此仓促地对这些老古董进行概括，或者说他将一块黑色的宗教圣石与伽利略的自由落体杂合在一起，我们是否应该严肃视之呢？出于同样的理由，我也已经认真分析了夏平和沙佛的工作，在代表了现代科学和现代政治学之“新时代的这些例子中，他们故意将宗教和科学混合在一起”。他们将未知的新行动者，即一个充满纰漏的、由多种材料黏合而成的人工空气泵，添加到了认识论之中。他们这样做也是出于同样的人类学理由：从根本层面上重新解释了何者该受到指控、何者需要接受考察，并且将

科学和宗教联系到了一起。对于波义耳和塞尔斯而言,科学只是司法系统的一个分支。

> 在欧洲所有的语言中,不管是北方的还是南方的,不管"物"(thing)这一单词表现为什么样的结构,它都与来自于一般意义上的法律、政治或者批判等领域的单词"原因"(cause),具有同样的基础或者根源。客体本身的存在,似乎仅仅取决于某一集体的争论或者陪审团签署的某一决议。语言希望世界仅仅产生于语言之中。至少这是它所要表达的意思……(Serres, 1987, p.111)
>
> 因此,单词"物"的拉丁语形式为 res,从中我们可以得出实在,也可以得出司法程序的对象或者原因本身,进而,对于古代人而言,被指控者被称为 reus,因为治安官正在起诉他。仿佛唯一的人类实在仅仅来自于法庭。(p.307)
>
> 在此,我们将会看到一个奇迹,将会为最后的谜语找到其谜底。单词"原因"(cause)表示了单词"物"的基础或者根源:causa,cosa,chose 或者 Ding……法庭表明了原因与事物、语词与客体的准确身份,也表明了在置换的基础上一个走向另外一个的通道。事物在彼处出现。(p. 294)

这样,通过这三段引文,塞尔斯将夏平和沙佛历经千辛万苦才得到的结果(原因、石头和事实从来没有占据过自在之物的位置)普遍化。波义耳所想的是如何结束内战。他强说物质具有惰性,要求上帝并不直接在场,又在一个能够表明真空存在的容器之中建构一个新的封闭空间,并且谴责那些对其观点持批判态度的见证人。波义耳指出,没有任何个体偏见性的指控能够长期得逞;人类证言难以相信;只有那些被绅士们所观察到的指标或者仪器才是值得相信的。事实的不断积累,将会为这一沉默的集体确立起根基。然而,事实的发明并不就等于发现了外在的事物,这是人类学 【84】
的一个创造物,它重新分配了上帝、意愿、爱、仇恨和争议的领地。塞尔斯明确表达了同一观点。对于外在于法庭的那些事物、内战之外的那些事物以及审判和审判室之外的那些事物,我们一无所知。没有了指控,我们无法对原因进行辩护,也无法将原因分配给各种现象。人类学的情形并不仅仅局限于我们前科学的过去,因为它更加属于我们科学的现在。

由此可以说,我们生活在现代世界之中,并不是因为它与众不同或者说它将自己从社会关系的地狱之中、从宗教的蒙昧之中、从政治的专制之中解放出来,而是因为,与其他社会一样,它重新分配了指控,它用一种原因(科学的、非社会的、事实的)取代了另外一种原因(司法的、集体的、社会的)。无论在何处,人们都无法观察到一个客体和一个主体,也不可能观察到一个社会非常原始而另外一个社会则非常现代。一系列的置换、替代和转译在规模不断扩展的层面上将人和物动员起来。

> 起初,我设想一阵强旋风,在其中,主体对客体的超验建构将会得到发展,反之亦然,即客体对主体的对称建构也得到发展;并能够消灭那不断重新开始又不断返回其起点的半循环……在客体显现为一般意义上的客体的过程中,对主体而言,存在着一种超验的目标和构成性的情形。在一个不断旋转的循环之中,针对那些或是相反或是对称的情形,我们用一种易变的语言来书写我们的证言、追踪或者表述……但是对于那些客体基础之上的、直接的、构成性的情形,我们已经见证了它们是真实的、可见的、具体的、令人敬畏的,也是缄默不语的。在一种能言善辩的历史或是沉默的前历史中,不管我们后退多远,它们仍然在那里。(Serres, 1987, p. 209)

在他那过于非现代(un-modern)的著作之中,塞尔斯表述了一种"实践系谱学"(pragmatogony),这就像是赫西奥德(Hesiod)或者黑格尔的宇宙演化论一样,令人难以置信。然而,塞尔斯接下来所讨论的不是质变或者辩证法,而是置换(substitution)。新科学使集体发生偏离、变形并将之压入到事物之中,这真是前无古人,但这种新科学也仅仅是一个漫长的置换神话中的迟到者。那些追踪网络或者研究科学之人,也仅仅是在文录(document)螺旋(塞尔斯已经为我们勾画出了其神奇性的开端)中的第几级线圈。当前的科学仅仅是用来延续我们之前所为的一种手段。在鲜活的无遮蔽体的基础之上，霍布斯建构了一个国家：在对利维坦的无数人工修补中，霍布斯也发现了他自己。在有关空气泵的内战中，波义耳所关注的是所有的分歧：他在事实中找到了自己。螺旋中的每一个线圈都定义了一个新的集体和新的客观性。永久更新的集体在一个永久更新的事物周围组【85】织起来，它也在进化着，永不止歇。我们从未离开过人类学的基质——我们仍然处在黑暗的中世纪，或者说，如果你愿意，我们仍然处在婴儿期的世界之中。

3.14　不同种类的本体论

只要我们将历史性赋予所有的行动者，那么我们就能够将拟客体的增殖容纳进来；就像西方和东方一样，自然和社会也就不存在了。它们成为了便利而又相关的参考点，现代人用之来区分传义者：有些传义者被视为“自然的”；有些被称为“社会的”；有些被冠以“纯自然的”称号；另外一些则被看作是“纯社会的”。然而，也存在其他的传义者，它们被视为“不仅”自然的“而且”也具有一点社会性。倾向于左侧的分析者被称为实在论者，倾向于右侧的分析者则被称为建构论者(Latour, 1992b; Pickering, 1992)。那些想在中间的垂直线上获取一席之地者，则会创造出不计其数的联合体以将自然和社会(主体)混合起来，并在物的“符号维度”与社会的“自然维度”之间交替轮换。其他人，则要么更加独断要么就更加片面。他们总是要么试图将社会内化入自然从而将之自然化，要么就试图用社会(或者主体，只不过更加困难一些)消化自然从而使之社会化(Bloor, [1976]1991)。

再有就是，这些参考点和讨论都是一维的。沿着一条单独的从自然到社会的直线来区分所有的实体，实际上就是用单一的经度为基础来画地图，因此也就将之还原到一条线上了！第二维度则有可能赋予实体以纬度，并将那些登录了(正如我前面所言的)现代制度及其实践的地图展现出来。如何定义这条南北的直线呢？如果将我所用的隐喻混合起来，我会主张将之界定为梯度，它记录了在从事件向本质过程之中各种实在之稳定性的变化。当我们说空气泵是自然定律的表征、是英格兰社会的表征或者说是两种互相对立之约束条件（自然和社会）的产物时，我们对它仍然一无所知。我们还需要知道的关键之处在于，空气泵是17世纪的一个事件还是18世纪或者20世纪的一个稳定化的本质。稳定化的程度（纬度）与从自然端到社会端之间的线条上的位置（经度）一样重要（见 Cussins，1992，书中给出了一个更加准确的设计
【86】 图案）。

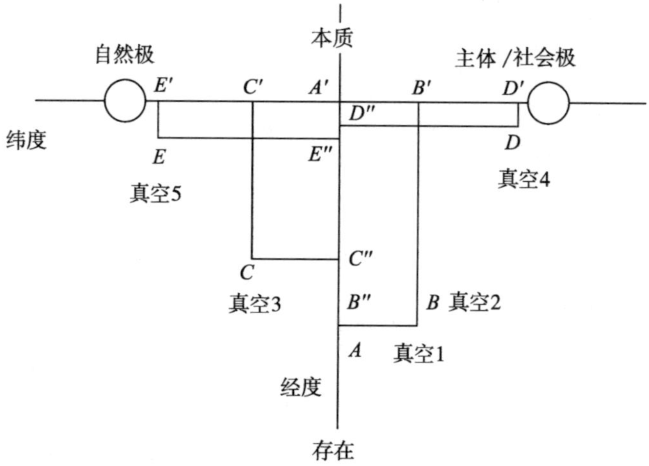

图 3.4　现代制度及其实践

如此，转义者的本体论就成为了一个变化的几何体系。萨特（Sartre）对人类的评论，即实存先于本质也同样适用于行动者：空气弹性、社会、物质和意识。我们并不是必须要在真空5（一种外在自然的实在，其本质并不取决于任何人）与真空4（西方思想家数世纪以来就想为之提供定义的表征）之间进行选择。或者更准确地说，一旦当它们被稳定化，我们将能够在两者之间进行选择。在波义耳的实验室中并不稳定的真空1，我们无法判断它是自然的还是社会的，而只能说它是在实验室中出现的人工物。真空2则是为人类所制造的人工产物，除非它转变成为真空3，因为真空3开始成为了与人无关的实在。那么，真空是什么呢？所有这些位置都不是真空。真空从本质上而言是一种轨迹，它将所有这些联结连接起来。换句话说，空气弹性拥有自己的历史。每一个行动者，在照此方法展示出来的空

间中都拥有自己唯一的标记。为了追踪它们，我们并不需要为自然之本质或者社会之本质构造任何的假设。把所有这些标记叠加起来，你就会发现【87】现代人为了概括并纯化其理论所错误称谓的“自然”和“社会”。

不过，如果我们将所有这些轨迹投射到那条连接了过去的“自然极”和“社会极”的单一直线之上，一切又都变得模糊不堪，令人失望。所有的点(A、B、C、D、E)都将被投射到单一的纬线(A′、B′、C′、D′、E′)上，而中心点A则位于先前的现象领域之内——准确地说，在现代性的方案看来，这里什么都没有发生，因为除了自然与社会两极(整个实在栖息于其中)在此相会之外，别无他物。在这一条直线之上，围绕着对真空的解释，实在论者和建构论者争论了几个世纪：前者宣称无人可以建构这一真实的事实；后者则认为社会事实完全为我们的双手所构造；而中间路线的鼓吹者则不停地在此两种意义上的事实之间摇摆不定，他们所使用的是这样的表述——不管这种表述是好还是坏——“不仅……而且……”。这是因为建构的工作发生于此直线之下，它存在于转义的工作之中，只有当我们也将稳定化的程度(B″、C″、D″、E″)考虑在内的时候，它才是可见的。

自然和社会所包含的大量内容，可以类比于板块构造论中陆地的冷却。如果要理解其运动，我们就不得不深入到那炽热的缝隙之中，岩浆在此喷发。以喷发的岩浆为基础，在很长的一段历史时期内，通过冷却和不断地层积，两块陆地板块便会形成，我们也才能坚定地立于其上。与地球物理学家一样，我们也需要深入进去以接近混合体被制造的真实场所，一段时间之后，它们将会成为自然或者社会的某些方面。是不是我强调得太多了——从现在起，在描述我们所谈论的实体之经度的时候，我们也要清楚地描述其纬度，因此我们是不是需要将本质视为事件和痕迹呢？

现在，我们对现代人的悖论有了更好的理解。他们利用了转义的工作和纯化的工作，但从未真正表征过此两者，因此，他们同时制造了这两个具有超验性和内在性的实体：自然和社会。这给予了他们四种相互对立的资源并进而赋予他们一种不同寻常的自由运动。如果要描画出不同种类的本体论的话，我们将会发现存在着的不是四个区域而是三个。对于作为一方的自然与作为另一方的社会来说，其双重超验性所对应的是一系列稳定的本质。对于社会的每一种状态来说，总存在着一种与之对应的自然状态。自然与社会并不是两种相互对立的超验性范畴，而仅仅是从转义的工
【88】作中所产生的同样一种超验性。另一方面，能创造自然的自然(naturing-natures)所具有的内在性与集体的内在性，都对应于同一块区域：事件的不稳定性区域、转义工作的区域。因此，现代制度是正确的，在自然与社会之间确实存在着一条鸿沟，只不过这条鸿沟仅仅是稳定化的一个姗姗来迟的后果。对于转义工作与制度布局之间的分离而言，这是唯一一条能够发挥作用的鸿沟。但是借助于杂合体的增殖，这一鸿沟成为了一种连续梯度，而如果我们再一次成为我们从未摆脱过的非现代人的角色的话，我们就可以穿越这一梯度。如果我们将现代制度的非官方的、"有争议的"或者说不稳定的版本添加到其官方的、稳定的版本之上，中间地带将会再次被填充，而与之相反，两极将会变得空空如也。现在，我们明白了为什么非现代人并不是现代人的继承者。前者仅仅是接受了后者所否定的实践。凭借一场小小的反革命，我们终于回溯式地理解了我们在过去经常做的事情。

3.15 将四种现代资源联系起来

通过运作这样一场反哥白尼革命，通过将客体和主体两方面向中间、向下方靠拢，我们确立起了两个维度：现代与非现代。现在，或许我们能够使用现代批判的最优资源了。现代人已经发展出了四种不同的资源来容纳拟客体的增殖，而且他们认为这些资源之间是不相容的。第一种资源与自然的外在实在相关；对于自然而言，即便我们能够将之动员起来并建构之，我们也不是它的主人，它是外在于我们而存在的，也不具有我们所拥有的激情和渴望。第二种资源所涉及的是社会联系，正是这种联系将人类彼此联结起来，它用激情与渴望驱动我们，用人格化的力量构建社会——构建一个超越于我们全体的社会，即便它是我们自身所制造的。第三种讨论的是意指(signification)与意义，它用行动者构成了我们所自言自语的故事，也包含着它们所经历的考验、所体验的冒险、所组成它们的那些比喻和体裁，所永远陪伴着我们的那些宏大叙事(great narratives)，尽管它们同时

也仅仅是一些纯粹的文本和话语。最后，第四种资源谈论的是存在，是对——当我们仅仅认为自己与存在者相关之时——我们所一直遗忘之物的解构；尽管存在的在场也是分布于存在者之中的，是与存在者的实存、与存在者的历史性同在的。

这些资源之间是互不相容的，不过，这种不相容也仅仅是在现代制度的官方版本之下。事实上，我们很难区分这四个部分。我们无耻地将自身 【89】的渴望与自然实体混淆起来——即是说，与社会建构的科学混淆起来，而恰恰是这些科学反过来看上去像是一些话语，并且追踪了社会的痕迹。如果我们随着拟客体一起旅行，我们就会发现它时而是一个事物，时而是一段表述，时而成为了一种社会关系，而且无法被还原为某种纯粹的存在者。我们的真空泵追踪了空气弹性，但是它也勾画出了17世纪的社会概况，并且同时界定了一种新的用以表述实验室之实验的文学体裁。在追踪空气泵的过程中，我们是不是必须要假装认为，万物都仅仅是一种修辞效果，或者万物都是自然的、是社会建构的，或者万物都得要贴签存储？我们是不是也得要假设，对于同一空气泵来说，在本质上，它有时是一种客体，有时又是一种社会联系，有时却又是一段文本呢？是否要说它们又是交织在一起的呢？是否还有时要假定它是一个纯粹的存在者，有时又要认为它表明了存在与存在者之间在本体论上的差别呢？如果它就是我们自己、就是我们现代人——我们将那唯一的痕迹人为地分割开来，而这些痕迹在最初则并不是客体，也不是主体，更不是意义效应或者纯粹的存在物——那结果又会如何呢？如果我们将这四种资源之间的区分，仅仅限定在稳定化及其以后的阶段，又会发生什么呢？

当我们从本质转向事件、从纯化转向转义、从现代维度转向非现代维度、从革命转向反哥白尼革命时，我们无法证明这些资源仍然是互不相容的。对于拟客体、拟主体，我们仅仅会认为它们追踪了网络。它们是真实的，非常真实，我们人类也无法制造它们。但是，它们是集体，因为它们将我们彼此之间联结起来，因为它们在我们的手中循环，并且用这种循环定义了我们的社会关系。然而它们却又是话语性的，它们被表述出来，充满了激情，同时也具有历史性并且充满了具有独立结构的行动者。它们并不稳定，它们是一种偶然的、经验的产物，且总是与存在联系在一起。一旦我们将处于同一网络之中的这四种资源之间的联系正式地表征出来，我们就可以建构起一个足够大的居所来容纳这一中间王国——它是非现代世界及其制度的真正的共同家园。

只要我们仍然是不折不扣的现代人，这种联结就不可能出现，因为自然、话语、社会和存在绝对超越于我们，也因为此四者仅仅是在彼此分裂——这维护了其制度上的担保者——的基础上来定义的。不过，如果我们将现代制度既承认又否认的转义实践，加到这些担保者之上，那么连续性将会成为可能。现代人非常渴望同时获得实在、语言、社会和存在。他们的错误仅仅在于相信此四者之间是永远对立的。与总是通过分割这些资源来分析拟客体的轨迹相反，难道我们就不能认为它们彼此之间应该保
【90】持一种持续性的联系吗？由此，我们也才可能摆脱后现代人的无能为力，因为他们过多使用了这四种批判资源。

难道你没发现，就像诸多社会科学家所希望的那样，自己已经永远被语言所套牢或者被关入了社会表征的牢笼吗？我们想进入事物自身，而并不是它们的现象。真实并不遥远，或者准确地说，在整个世界的范围内，我们都能够在那些被动员起来的客体之中感受到它。难道外在的实在不正是充满于斯、充满于我们的周围吗？

你不是已经拥有了太多的存在者了吗？它们被一个超验的、无法认识的、难以理解的、准确的、完全真实的并且充满了实体——它们就像是睡美人一样陷入长眠之中，直到白马王子最终发现它们的那一天——的自然所永久支配。与那些无聊的自在之物带给我们的期冀相比，我们生活于其中的集体要更加活跃、更加富有成效、更加社会化。

社会被认为是通过对“权力”与“合法性”的认同而建构起来，因为社会学家们既无法解决客体的内容也无法应付语言世界——社会也不是由此两者而建构。对那些仅仅围绕“社会”而建构起来的社会学，你难道没有感到一丁点的厌倦？与那些自在之人类所能带给我们的期冀相比，我们的集体更加真实、更加自然化、更具有话语性。

你是不是已经受够了语言游戏，受够了对意义之解构的永恒怀疑呢？

话语并不是一个作用于其自身的世界，而是与事物、与社会交织在一起的大量行动者，它们支撑起了前者，亦支撑起了后者，并且维持了两者的存在。对文本的兴趣并不会使得我们远离实在，因为事物同样也被提升并具有了表述的地位。对于文本而言，为什么要否认它们在构建将我们联结在一起的社会关系时的伟大作用呢？

人们可能会指责你忘记了存在、忘记了世俗的世界，那是一个没有内容、没有神性、没有艺术的世界，你对这种指责难道还没感到厌倦？为了重新发现这些财富，我们真的要放弃我们生活于其中的历史的、科学的和社会的世界吗？将自己投入到科学、技术、市场和物之中，并不会使我们太过远离社会、远离政治和语言，同样也不会远离存在和存在者。

像自然一样真实、像话语一样被表述、像社会一样具有集体性、像存在一样存在，这就是现代人使之增殖的拟客体。正因为如此，我们应该去追踪它们，如此所为，我们仅仅是再次成为了我们所一直就是的非现代人。

4 相对主义

4.1 如何终结不对称性

本书的开头，我就建议将人类学作为描述世界的一个模型，因为单单使用人类学就足以将拟客体的奇异轨迹连接为一个整体。不过，我很快就承认目前这个模型还并不是十分有用，因为它尚未被运用到科学和技术之上。当重新追踪那些将人种科学与社会世界联结起来的关系时，人种志学者驾轻就熟，但是对于精确科学他们却无能为力。在西方世界内部，在社会技术网络问题上坚持同样的自由言论面临着巨大的困难，要搞清楚这一点，我首先需要理解我们使用的"现代"一词的含义。如果我们按照现代制度的官方模板来理解现代性，即一方面在人类与非人类之间决然地划界，另一方面又要将纯化与转义全然分开，那么人类学对于现代世界将无能为力。但如果我们将纯化的工作与转义的工作联结在一幅图画之中，并使之基于此两者而获得其意义的话，请回顾一下，大家很快就会发现其实我们并没有真的现代过。这样，尽管人类学至今在科学和技术领域栽了跟头，但它仍可以成为我一直在苦苦追寻的描述模型。它无法在前现代人与现代人之间进行比较，但能够将此两者与非现代人进行比较。

不幸的是，我们在使用人类学的时候难以因循旧制。人类学是由现代人塑造的。它以那些我们想当然认定的前现代人为研究对象，因此在其实践、概念以及所讨论的问题中,它已经将我前文所提及的不可能性内在化。它将对自然客体的研究排除在外,将其考察范围仅仅限定在文化领域。因此,它是不对称的。如果人类学想变成一种比较人类学,如果它想获得在 【92】 现代人与非现代人之间来回穿梭的能力,它就必须具有对称性。要达到这一目标,它必须面对的并不是信念——信念并没有与之直接接触,而且我们对其批判的也已经够多的了——而是那些我们全然坚持的真知识。因此,我们必须要使之超越知识社会学的局限,并且最重要的是要超越认识论的局限,从而能够对科学展开研究。

第一对称性原则要求使用同样的术语来考察错误与真实,这就颠覆了传统的知识社会学(Bloor, [1976]1991)。在过去,知识社会学仅仅是通过收集大量的社会因素,来解释那些背离了那条勇往直前却又狭窄不堪的理性小道的事件。错误、信念可以进行社会解释,但是真理却是自我解释的。人们完全可以分析对飞碟的信念,却不能分析有关黑洞的知识;我们完全可以分析超心理学(parapsychology)的错觉,却不能分析心理学家的知识;我们可以分析斯宾塞的错误,却无法分析达尔文的确定性。透过这一双重标准,我们可以看到人类学在不能够开放研究的科学和可以开放研究的种性科学之间钉入了一个楔子。

如果认识论者,特别是法国传统的认识论者,没有在正确科学与错误科学之间以同样的不对称性作为根本原则的话,知识社会学的这些先入之见将难以对人种志学者造成长久的威胁。只有错误的科学,或者说"过时的"科学才与社会语境相关。而对于那些"被赞许的"科学而言,它们成为科学,恰是因为它们将自身与所有的语境相剥离,与历史污染所留下的任何痕迹、与任何朴素的感觉划清界限,甚至也摆脱了其自身的过去。在巴什拉及其追随者看来,这就是科学与科学史之间的差别(Bachelard, 1967; Canguilhem, [1968]1988)。历史学或许是对称性的,但它对此却无关紧要,因为它从来没有研究过真正的科学;另一方面,科学史肯定从来没有对称过,因为它虽然研究科学,但其最紧要的任务却是使得认识论的断裂更加彻底。

单举一个例子就可以表明,当认识论者将真科学与错误科学区分对待的时候，人类学在拒绝所有对称性的道路上到底走了多远。当乔治·冈桂莱姆(Georges Canguilhem)区分了科学意识形态与真科学时，他宣称我们不仅无法使用同样的术语来研究作为科学家一方的达尔文(科学家)和作为空想家一方的狄德罗(Diderot)，同样，我们也无法将两者联结到一起，“将意识形态和科学区分对待，使我们无法看到科学中事实上所仅存的某
【93】 些意识形态因素与早期其所代替的意识形态之间的连续性。因此，这样一种区分，使得我们无法看到在狄德罗的《达朗贝尔之梦》(Dream of d'Alembert)中对《物种起源》(Origin of Species)的些许预示”(Canguilhem, [1968]1988, p.39)。只有科学才能与意识形态完全决裂。因此，追随这样一条原则，是绝难追踪拟客体的来龙去脉的。一旦落入这些认识论者的手中，它们将会被连根拔起。只有客体被保留下来，而且它们从赋予其意义的整个网络中被剥离出来。既然这样，为什么还要提到狄德罗或者斯宾塞呢？为什么人们会对错误感兴趣呢？因为如果没有了错误，真理的荣耀就会太过刺眼！“认识到意识形态与科学之间的关系，将会阻止我们落入到一种毫无特色的科学史、一张毫无地貌特征的地图之中。”(p.39)对于这些认识论者而言，辉格史(Whiggish history)并不是一个需要克服的错误，而是一种必须严格执行的责任。科学史要与历史完全区分开来(Bowker and Latour, 1987)。错误会使得真理更加荣耀。拉辛(Racine)以崇高的历史学家的名义为太阳王所做的一切，冈桂莱姆则同样盗用科学史学家之名付诸达尔文身上。

相反，对称性原则重新确立起了连续性、历史性，我们也可以称之为根本意义上的公正性。大卫·布鲁尔对应于冈桂莱姆，就像塞尔斯对应于巴什拉。“最纯粹的神话就是科学中全无神话的观点”，当塞尔斯在与认识论决裂时他如此写道(Serres, 1974)。对于塞尔斯、对于目前的科学史学家而言，我们应该按照相同的原则并使用同样的原因，来解释狄德罗、达尔文、马尔萨斯(Malthus)以及斯宾塞。如果你想说明对飞碟的信念，那么请确保你的解释也可以对称性地运用于黑洞(Lagrange, 1990)。如果你宣称揭穿了超心理学，你能运用同样的因素来解释心理学吗(Collins and Pinch, 1982)？如果你已经分析了巴斯德的成功，那么你能用同样的术语

来解释他的失败吗(Latour, 1988b)?

首先,第一对称性原则对社会科学家所提供的有关错误的解释进行了简单化的处理。它在处理反常的问题上如此驾轻就熟! 社会、信念、意识形态、符号、无意识、疯癫——任何一个都可信手拈来以致解释却变得日益臃肿。但是,真理呢? 在失去了认识论断裂的那些可用资源之后,我们很快就会认识到,我们虽然是在研究科学,但我们所提供的大部分解释却并无多大价值。用不对称性将之组织起来,这仅仅是雪上加霜。如果对称性原则的坚实规训,会迫使我们仅仅保留下那些能够同时解释成功与失败、信念与知识、科学与超科学的原因的话,一切都会发生改变。那在胜利者与失败者之间采用了不同评判标准并且同时大喊"这是失败者应得的可悲下场"之人,就像是布雷努斯(Brennus)一样,只是使得矛盾时至今日都难 【94】以理解。当对称性的天平重新被严格确立之时,这种矛盾才会决然浮出水面,也才会使得我们能够理解为什么某些人胜利了而其他人则失败了。

4.2 广义对称性原则(The Principle of Symmetry Generalized)

第一对称性原则在取消认识论的断裂上,在消除"被赞许的"科学和"过时的"科学之间的先验二分上,在取消分别以知识、以信念系统、以科学为研究对象的社会学家之间的区别上,具有无可比拟的优势。以往,当人类学家从其遥远的考察地返回国内时,他发现认识论极端地推崇科学,他很可能也就不会在种性科学与科学知识之间建立起某种连续性。因此,他有很好的理由禁止研究自然,从而转向分析文化。今天,当他返回的时候,他发现有很多还在与日俱增的研究都关注其本国的科学和技术,裂缝已经变窄了。他们的理解能力使得他们可以毫不费力地从特罗布瑞恩德(Trobriand)的航海者转到美国海军中的航海家(Hutchins, 1980);从西非的算术师转移到加利福尼亚的算术学家(Rogoff and Lave, 1984);从科特迪瓦(Ivory Coast)转移到拉霍亚(La Jolla)的某位诺贝尔奖得主身上(Latour and Woolgar, [1979]1986);从对巴力神(Baal)的献祭到挑战者号的爆炸

(Serres, 1987)。没有任何事物再要求他将自己局限于文化领域,因为自然,或者说,许多的自然,都已经同样可以接受研究了(Pickering, 1992)。

然而,布鲁尔所界定的对称性原则很快就陷入了死胡同。如果对其自身的解释也进行严格考察的话,这一对称性原则本身也是不对称的(图 4.1 清晰地表明这一点)。认识论者和知识社会学家通过与自然实在之间的一致性来解释真理,又通过社会范畴、知识或者利益来限定错误。他们是不对称的。布鲁尔的对称性试图使用同样的范畴、同样的知识、同样的利益来解释真理和错误。但是它选择了什么术语呢? 就是有关社会的科学(the sciences of society)所提供给社会科学家(亦即霍布斯及其众多的追随者)的术语。因此,它是不对称的,这并不是因为它像认识论者所做的一样将意识形态和科学分割开来,而是因为它搁置了自然从而使得“社会”极承担起了所有的解释重任。对自然坚持建构主义立场的人,对社会却又坚持实在论的立场(Callon and Latour, 1992; Collins and Yearley, 1992)。

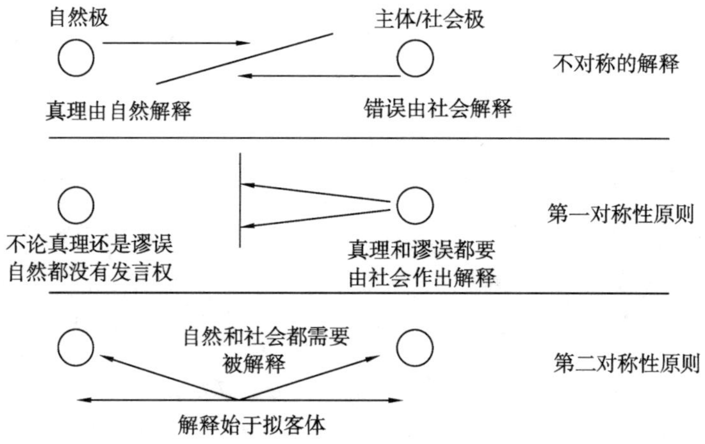

图 4.1 对称性原则

但是现在我们知道了,社会与自然具有同样的建构性,因为它们是同
【95】一稳定化过程的双重结果。对于自然的每一状态而言,总存在着一个对应的社会状态。如果我们对其中一个坚持了实在论,我们对另外一个也必须同样如此;如果我们在某种情况下是建构主义者,在另一种情况下也必须是建构主义者。或者说,正如我们对两种现代实践的考察所表明的,我们

必须能够同时理解自然和社会如何是内在的(在转义的工作中)、如何是超验的(在纯化的工作之后)。自然和社会并没有为我们提供一个坚实的钩子,我们可以将解释(这些解释在冈桂莱姆的意义上是不对称的,但在布鲁尔的意义上是对称的)挂于其上,它们仅仅是一些需要解释的被解释物。自然和社会所提供的解释,仅仅在非常晚的阶段才会出现,即当稳定化的拟客体在被分开从而一方面变成了外在实在的客体而另一方面则变成了社会主体的时候。自然和社会是问题的一部分,而不是解决方案的一部分。

这样,如果人类学想获得对称性,它就必须要做第一对称性原则——它仅仅是停止了认识论那令人迷惑的不公正言辞——所未做的某些事情。【96】它必须纳入米歇尔·卡隆(Michel Callon)所谓的广义对称性原则,即人类学家必须要将自己摆在中点的位置上,从而可以同时追踪非人类和人类属性的归属(Callon, 1986)。他既不允许使用外在实在解释社会,也不允许使用权力游戏塑造外在实在。同样,有些人通过使用“不仅”自然“而且”社会这样的方式,在自然实在论与社会实在论之间跳来跳去,有时甚至为了掩盖某些弱点而不惜引入另外的缺陷,即便是在这样的情况下,他们也要维持这两种最根本的不对称性,卡隆对此自然也持反对意见。

只要我们仍然保持现代,我们就不可能占据这样一个中心位置,从其出发自然与社会之间的对称性最终就可以显现,因为它根本就不存在!现代制度所确认的唯一一个核心位置,正如我们前文所述,就是现象,是自然极与社会极之间相互作用的交会点。迄今为止这个交会点仍然是一个无人之所,一处虚无之地。如果我们不是坚持不懈地在现代维度的两极之间严格轮换交替的话,如果我们能够沿着非现代的维度走下去,一切都会改变。不可思议的虚无之地成为现代制度中的一个点,转义的工作在那里显现。它远非空无:拟客体和拟主体在其间繁衍增殖。它再也不是不可思议的了,它成为了在网络的基础之上一切经验研究都可以展开的一个领域。

然而,难道这个位置不就是人类学家为之上下求索一个多世纪的吗?不就是今天的人种志学者在研究其他文化之时不费吹灰之力而得到的吗?是的,我们能够看到她不用改变任何分析工具,就可以从气象学转移到血缘结构、从植物本性过渡到文化表征、从政治组织转变到种性医学(ethnomedicine)、从神话结构转换到种性物理学(ethnophysics)或者狩猎技术上去。有一点可以肯定的是,人种志学者之所以有勇气来展示这一无缝之网,是因为她坚定地相信,她所处理的纯粹是表征、也仅仅是表征。自然,从其自身而言,仍然是独一无二的、外在的、普遍的。但是,如果我们将这两种立场——其一是人种志学者毫不费力就得到的用以研究文化的立场,其二是我们历尽千辛万苦才界定的用以研究自然的立场——叠加起来,那么,比较人类学就成为可能了,即便仍可能会遭遇某些困难。它不再只是对文化进行比较,不再将其自身的文化——它通过某些惊人的特权获得了对普遍自然的唯一理解权——搁置一边。它所比较的就是自然—文化。它们是可比较的吗?它们是相似的吗?它们是相同的吗?或许,我们现在就可以解决相对主义所无法解决的问题。

4.3 两种伟大分界的输入机制和输出机制

"我们西方人与其他人截然不同"——这就是现代人胜利的呼喊或者是长久的悲哀。在我们(西方人)与他们(其他所有人,从中国海到尤卡坦半岛[Yucatan]、从因纽特人[Inuit]到塔斯马尼亚土著[Tasmanian])之间的伟大分界一直都令我们着迷。不管他们如何反抗,西方人还是将历史连带他们一起放入了坚船利炮的外壳之中、放入了望远镜的镜筒之中、放入了防疫注射器的活塞之中。他们承受着西方人带来的重负,虽然有时候将之视为一种高贵的挑战,有时候则视之为一场悲剧,但不管如何,这都是他们无可逃避的命运。西方人并不是单纯地声称他们与其他人不同,就像苏人(Sioux)与阿尔冈昆人(Algonquin)之间、巴奥勒人(Baoule)与拉普人(Lapp)之间存在着巨大的差异一样;他们将自己与其他文化置于两个不同的阵营,在此意义上,西方人认为他们之间从根本上而言是全然不同的。因为对于其他文化来说,存在着一个共同的事实,即它们全部都是一种文化。在西方人的眼里,西方,也只有西方,并不是一种文化,并不纯粹是一种文化。

为什么西方人以此种方式自视呢？为什么西方也只有西方才不是一种文化呢？为了理解我们与他们之间的伟大分界，我们必须要退回到我前文界定过的人类与非人类之间的另一个伟大分界。从根本上而言，前一个伟大分界是后一个伟大分界的输出物。我们西方人并不是一种文化，因为我们也动员了自然。我们与其他社会完全不一样，我们并不是像他们一样去动员自然的图片或者符号表征，我们所动员的是真实的自然或者说至少是科学——科学仍未进入人们视野的前景，仍未被研究、也无法被研究，并奇迹般地与自然联结在一起——所认识到的自然。因此，在相对主义的核心之处，我们遭遇了科学的问题。如果西方人只是满足于商业贸易和占领征服、满足于烧杀抢掠和支配统治的话，那么他们与其他的商人和征服者将无本质差异。然而并不是这样，他们发明了科学，这是一项与征服和贸易、与政治和道德完全不同的活动。

甚至是对于那些借文化相对主义之名而试图捍卫文化的连续性，从而使其不至被卷入进步系列之中或者陷入自身牢笼之中的人而言[Lévi-Strauss，[1952]1987]，他们也认为，他们所做的仅仅是使自己尽可能地向科学靠拢。

“我们不得不一直等到本世纪的中叶”，列维-斯特劳斯在《野性的思维》(*The Savage Mind*)一书中写道，“才遭遇了那两条长期分离之道路的交汇：经由交流的世界(野性的思维)，我们迂回至了物理世界，而正如我们所最近认识到的，我们亦经由物理世界(现代科学)迂回到了交流的世界。”(Lévi-Strauss，[1962]1966，p. 269) 【98】

> 在逻辑的精神与前逻辑的精神之间的虚假矛盾同时被克服了。在同样的意义上，以同样的方式，野性的思维与我们的思维同样具有逻辑性，尽管这种逻辑性只有在将之运用到各自的世界之上时才会发生，在其中，思维同时确认出了其物理属性和语义属性……人们可能会反对说，在原始人的思想与我们的思想之间仍然存在着实质性的差异：信息理论关乎真实的信息，而原始人却错误地将物理决定论的具体表现视为信息……人们将动物和

> 植物王国里的那些感官属性误以为是消息的基元，并试图揭露它们的外部特征，也就是符号。如此所为，人们（那些拥有野性思维之人）就犯了认同方面的错误：意义的基元并不总是如他们想当然认为的那样。但是，尽管缺乏将基元置于其最常出现之处——在显微镜级的微观层面——的工具，他们还是“仿佛透过黑暗之中的一面镜子”(as through a glass darkly)揭示出了诸多的解释原则。而这些原则的启发价值及其与现实之间的符合关系，只有人类新近的诸如无线电通信、计算机、电子显微镜之类的发明才能将之展现出来。(Lévi-Strauss, [1962]1966, p. 268)

列维-斯特劳斯真是一个天才的辩护律师，他所能设想的最好的减罪辩护，就是使得他的委托人看上去尽可能地像科学家！原始人与我们之间的差距并不如想象中那么大，这样说，也仅仅是因为，在使用不当仪器并且犯了某些“认同错误”的情况下，他们仍然预见了信息理论、分子生物学或者物理学的最新成就。不过，列维-斯特劳斯用以提升原始人之地位的这些科学，现在已经向人们打出了免入牌。按照认识论的通行模式，这些科学保留了客观性、外在性并且脱离了网络的拟客体。请给原始人一个显微镜，他们的思考将会与我们完全一致。他们是在被挽救以免落入被谴责的境地，面对这样一种拯救方式，您还能想象出一种更好的方法来否定他们吗？对于列维-斯特劳斯来说（对于冈桂莱姆、利奥塔、吉拉尔，德里达[Derrida]和大部分的法国知识分子来说也是这样），这种新的科学知识完全外在于文化。这就是科学的超验性（与自然交叠在一起），这使得它能够将所有的文化相对化，包括他们的，也包括我们的——当然，他们也提出一个警告：科学完全属于我们的文化，而不是他们的文化，它是通过生物学、电子显微镜和无线电通讯网络而构成的……原本被认为是应该要缩小的鸿沟再次被掘开。

在我们社会的某些部分，也只有在我们社会的某些部分，一种前所未闻的超验性已经自我声明：自然事实上是非人类的、无人性的，而且一直都外在于人类。自从这一事件发生之后，不管人们认为它是发生在希腊数学、意大利物理学、德国化学、美国核工程领域抑或是比利时热动力学领域，重视自然的文化与仅仅重视自身的文化或者说那些关于物质的歪曲观点之间，已经具有完全的不对称性了。那些发明科学之人，那些发现了物 【99】
理决定论之人，从不单独讨论人类，除非偶然情况。其他人则仅仅拥有对自然的表征，这些表征或多或少地受到了人类文化预设的污染，或者说被这些文化预设所编码(code)。因为人类文化已经充斥于他们的心灵，只有在偶然的情况下——“仿佛透过黑暗之中的一面镜子”，他们才能真正地接触到事物。

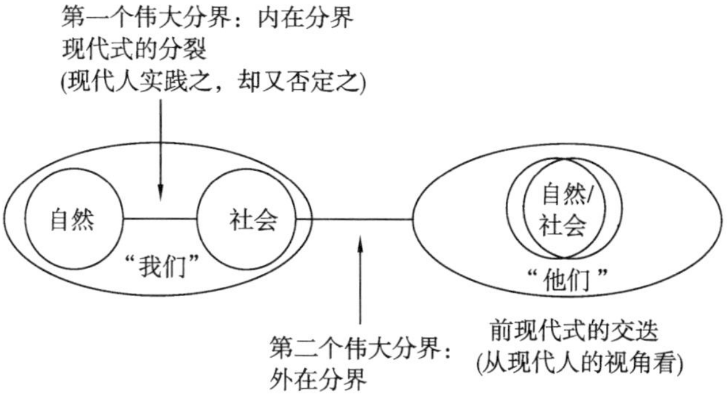

图 4.2 两个伟大分界

因此，外在的伟大分界成为了内在的伟大分界的结果：我们是唯一能够认识到自然与文化、科学与社会之差别的人，然而，在我们的眼中，所有其他的人，不管他们是中国人、美国印第安人(Amerindian)、阿赞德人(Azande)或者是贝鲁雅人(Barouya)，都不能将知识与社会、符号与事物、自然产物与文化产物真正地区分开来。不管他们做了什么，尽管其所为可能恰如其分、条理有度并且取得了预期的效果，但他们仍然被困于这样一种混淆状态：他们是社会或语言之类的囚徒。不管我们做了什么，不管是多么的罪恶、多么的帝国主义行径，我们总是能够摆脱社会或者语言的束缚，从而通过科学知识的神启之门进入到事物本身。人类与非人类的内在分界定义了第二种分界——这次是外在分界，通过这一分界，现代人将自身与前现代人区分开来。对于后者而言，自然和社会、符号和事物在本质上都是共存的。但是，在我们的眼中，它们根本就没有共存过。尽管我们 【100】

可能也看到了，在我们自身的社会中也存在着某些模糊领域，如精神错乱者、孩子、动物、流行文化和女性的身体(Haraway, 1989)，但我们依然相信，我们的职责就是要分清纯粹的社会关注之所属事物与真正物的自然之所属事物，从而使我们能够尽可能坚决地戒绝这些可怕的混乱。

4.4 从热带返乡的人类学

人类学从热带回国之后，当其试图将自身加入到现代世界(这一刻，现代世界已经准备好了，而且也迫不及待)时，它起初虽然谈不上战战兢兢，但也可以说是有点谨小慎微。最初，人类学认为只有当西方人像原始人一样将符号与事物混合到一起时，它才可以运用其方法研究之。因此，它不得不去寻找那些与外在的伟大分界所界定的传统领域最为类似的事物。能够肯定的是它不得不牺牲其本真的某些东西，当然成本也不算太大，因为人类学通过将自己的研究领域仅仅局限于理性的边缘和碎片地带或者是超出理性的领域，从而维持了自己的必要距离。博卡日(Bocage)地区的大众医学与巫术(Favret－Saada, 1980)、核电站阴影下的乡村生活(Zonabend, 1989)，普通人对于技术风险的表征(Douglas, 1983)——所有这些都是非常好的田野考察课题，因为自然的问题也就是科学的问题，还没有被发掘出来。

然而，衣锦还乡的人类学并没有在此停步。事实上，在牺牲了其本真的某些东西之后，其原创性内容、其与诸如社会学家、经济学家、心理学家和历史学家的某些散乱研究相区别的东西，在人种志学者那里无以为继。在遥远的热带区域，人类学家并不满足于将自己的研究局限在其他文化的边缘地带(Geertz, 1971)。如果她通过某些技能和方法将自己限定于边缘地带，其研究的必要性就丧失了，她也就无法再宣称她正在重构这些文化的核心，包括其信仰体系、技术、种性科学、权力游戏以及经济，简而言之，它们之存在的整体(Mauss, [1923]1967)。现在，她回国了，却将自己局限于其自身文化的某些边缘方面，由此，她将丧失其来之不易的人类学特色。例如，当马克·奥盖(Marc Augé)与科特迪瓦的泻湖居民生活在一起时，他试图通过巫术去理解整个社会的现象(Augé, 1975)。其边缘身份并没有影响他对阿拉迪亚(Alladian)文化的整个社会结构的理解。然而,在回到国内之后,他却将自己限制在对地铁中某些最肤浅方面的研究(Augé, 1986)——解释地铁通道墙壁上的某些涂鸦之作。这一次,当其面临西方的经济学、技术和科学时,自身的边缘性让他后退了。一个坚持对称性的 【101】 马克·奥盖本应该研究的恰恰是地铁本身的社会技术网络:其工程师与司机、其主管与顾客、其雇主国、其所有的一切——在其他地方怎么做,在国内就应该怎么做。西方的人种志学者们不应该将自己局限在边缘区域;而且,他们总是严以待人而宽以律己,这同样是一种不对称的做法。返乡的人类学,并不需要成为仅仅研究边缘现象的边缘之学,亦不应满足于从其他学科的宴会桌上漏下来的那一丁点残羹冷炙。

然而,为了获得这些自由行动和自由言论的权力,人们必须要以同样的方式来看待这两个伟大分界,并且将之视为对我们的世界及其与其他世界之关系的一个特殊定义。现在,相较于这些分界对其他人的界定而言,它们对我们的界定,也好不到哪里去。与其说它们是一种知识工具,倒不如说它们就是现代制度自身,就是现代时间自身(参见 3.7 部分)。要实现对称性,人类学就必须要进行详细的自我解剖,并在知识上进行重组,如此而为,它就既不会认为在国内存在着人类与非人类的严格区分,亦不会相信在别处知识与社会完全重叠,这样它立刻就可以规避这两个分界。

让我们设想一个外出到遥远的热带国家的人类学家,她仍然坚持其内在的伟大分界。在她的眼中,她所研究的人们一直将关于世界的知识——作为一个受过良好科学训练的西方考察者,对知识世界的占有是其与生俱来的权力——与社会正常运转的必须条件混淆起来。因此,接纳她的那个部落所拥有的也就仅仅是一种对世界的看法,一种对自然的表征。退回到马塞尔·茅斯(Marcel Mauss)和埃米尔·涂尔干的著名观点,这个部落将其自身的社会范畴投射到了自然之上(Durkheim and Mauss, [1933]1967; Haudricourt, 1962)。当我们的人种志学者向其信息提供者们解释,他们必须要更加谨慎小心地将世界本身与他们所为之提供的社会表征区分开来的时候,他们会对此感到迷惑不解,甚至是反感。从他们的愤怒与不解之中，人种志学者看到了他们仍然痴迷于前现代的证据。对他们来说，她生活于其中的二元论——一边是人类，一边是非人类；一边是符号，一边是事物——是令人无法忍受的。出于社会的原因，我们的人种志学者作出了这样的结论：这种文化需要一种一元论的立场。“我们在思想的王国里驰骋，（野性的思维）却将它们联结到了一块。”（Lévi-Strauss，［1962］1966，p. 267）

不过现在，让我们再假设一种情形：我们的人种志学者回到了她的祖国，并试图解决那内在的伟大分界。让我们假设，通过一系列幸福的遭遇，她开始分析一个其他的部落，例如科学研究者或者工程师群体（Knorr-Cet-
【102】ina，1992）。现在，情形完全颠倒过来了，因为她将使用一元论，她认为这是她从其先前的经验中学来的。她的科学家部落声称，他们最后将有关世界的知识与政治和道德的必要性彻底区分开来（Traweek，1988）。然而，在观察者看来，这种区分一点都不明晰，或者说它本身就是一种更加杂合化的活动的副产品，是实验室内外的某种拼凑之物。其信息提供者们宣称，他们拥有接近自然的权力；但是，人种志学者却明确地认为，他们所接近的仅仅是某一版本下的自然、仅仅是对自然的一种表征，她自己也无法将之与政治学和社会利益区分开来（Pickering，1980）。像前面的部落一样，这个部落也将自己的社会范畴投射到自然之上，不同之处在于他们假装自己并没有那么做。当人种志学者向其信息提供者解释，他们不应该将自然与他们为其所构造的社会表征区分开来时，他们同样感到迷惑不解，甚至大为光火。从他们的愤怒与不解之中，人种志学者同样看到了他们痴迷于现代的证据。对他们而言，她现在生存于其中的一元论——人类总是与非人类杂合在一起——也是令人无法忍受的。出于社会的原因，我们的人种志学者得出结论：西方科学家需要的是一种二元论的态度。

不过，她的这种双重结论并不正确，因为她并没有真正听到他们在说
【103】话。人类学的目标并不是要触犯众怒，也不是前后两次导致人们的不解：第一次她输出了内在的伟大分界并将二元论强加于拒绝它的文化之上；第二次她又取消了外在的伟大分界并将一元论强加于我们自身的文化之上，后者对一元论也持全然拒绝的态度。对称性的人类学必须要认识到，不管

对我们来说还是对其他人而言，这两种伟大分界并没有描述其真实情形，而只是界定了，当西方人觉得自己是现代人的时候，他们用以确立与其他人之关系的特殊方式。然而，他们并没有将自然和社会交叠起来，同样，“我们”也没有区分它们。如果我们将网络——我们允许它在现代制度的权威部分之下增殖——纳入思考范围，那么它们看上去就非常像一个“他们”所认为的、其自身生活于其中的网络。在我们看来，前现代人从未在符号与事物之间进行区分，但是“我们”也没有(图 4.3 中的第 3 个图示与第 1 个图示的底部看上去并无二致)。如果我们进行一个精巧的思想实验，如果我们能够走得更远，如果可以“要求”他们将我们所着迷的二分法运用到其自身的网络之中，并且尽可能地站在他们自己的立场之上，想象一下拥有一个纯粹的自然和一个纯粹的社会对他们来说意味着什么，那么，他们可能会费尽九牛二虎之力才能画出一个暂时性的地图，而在其中，自然与社会亦将难以逃脱网络的范围(图 4.3 中的第 4 个图示)。但是，在这幅画中，自然和社会在网络中被重新分配，并且非常模糊——模糊得仿佛成为了虚线——地逃脱了网络；那么，这幅画表明了什么呢？如果我们现在用非现代的眼光来看待它，这完全就是我们的世界！完全就是我从一开始就试图描述的图景，其中现代制度的上半部分与下半部分逐渐融合。前现代人与我们是类似的。一旦我们对称地看待他们，他们对西方人的分析，很可能会比现代人类学对前现代人的分析要好得多！或者更准确地说，现在

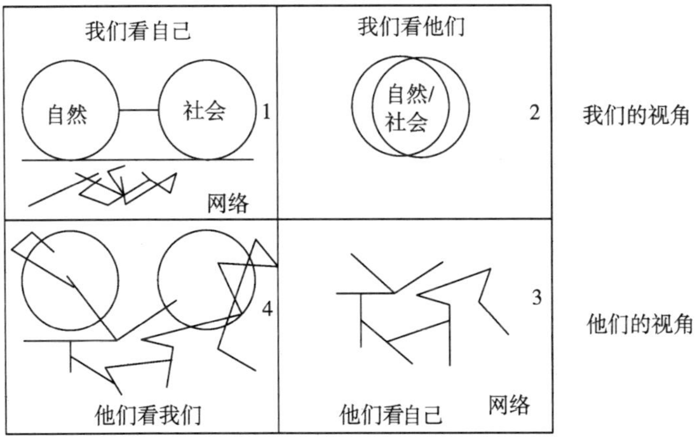

图 4.3 两种视角下的他们与我们

我们可以将“我们”与“他们”之间的二分、甚至是现代人与前现代人之间的区分扔进历史的故纸堆了。我们总是在建造自然和社会这两种共同体。仅仅存在一种对称性的人类学。

4.5 文化并不存在

假设人类学从外乡返回国内之后,又开始通过三重对称性立场来重新武装自己。它使用同样的术语来解释真理和错误(这是第一对称性原则);它同时研究人类和非人类的产物(这是广义对称性原则);最后,它不再制造某些先验性的声明,如存在某些东西可以将西方人与其他人区分开来。可以肯定,它失去了某些特质,但获得了诸多新的研究领域,这使得它能够
【104】对所有集体的核心机制进行分析,包括西方人所属的集体。它扔掉了其仅适用于文化或者仅适用于文化维度的标签,但收获了一个无价之宝:自然。从本书一开始我就一直在审视的这两种立场——一个已经为现在的人种志学者所轻易获得,而有关科学的某些分析家则正在为了另外一个而奋力拼搏——现在可以合二为一了。网络分析使得人类学如虎添翼,并且也将之早已做好准备但仍未开始的工作推向前台。

相对主义的问题已经不再那么棘手了。如果说按照认识论者的思路来分析科学,将会导致一个无法解决的问题的话,那么改变科学实践的概念就足以将某些人为的困难驱散,事实证明也是如此。理性使事情由简变繁,而网络则为之重新理出头绪。这或许是西方人的一个癖好,他们通过权威性的现代制度从而强行制造了人类与非人类之间的分裂——内在的伟大分界——并进而人为地贬低他者。“如何才能成为一位波斯人呢?”如何才能不至于在普遍的自然与相对的文化之间确立一种绝对的差异呢?然而,文化的观念,恰恰就是通过抹杀自然而制造的一个人工产物。不管是具有差异性的文化还是具有普遍性的文化根本就不存在,自然同样如此。它们仅仅是自然—文化,这才为比较提供了唯一可能的基础。只要将转义的工作与纯化的工作同时考虑在内,我们就会发现,现代人并没有将人类同非人类所分离,就像“其他人”也没有将符号与事物混同起来一样。

现在，按照是否将对自然的建构纳入思考范围，我可以在不同形式的相对主义之间进行比较了。绝对的相对主义要求文化成为一种单独的、不可通约的东西，并且也无法被放入任何有序的等级之中，对文化的讨论百无一用，因为它抹杀了自然。对于更为狡猾的文化相对主义来说，自然确实开始发挥作用了，但是其存在并没有预设任何科学工作、社会、建构、动员抑或是网络。这是被认识论再造和修正过的自然，对其而言，科学实践仍然处在我们的视野之外、视阈之外。在此传统之下，文化由此被归结为了对唯一自然的具有或多或少确定性的看法。有些社会"仿佛透过黑暗之中的一面镜子"来看待自然，有些是透过浓雾视之，其他的则处于万里晴空之下。理性主义者坚持所有这些看法之间的共同之处；相对主义者则主张，社会架构强加于所有感知之上的歪曲是无可避免的。如果我们能够表明文化并不能与前者的范畴相吻合的话，他们的观点也就毫无说服力了；如果我们能够证明后者的范畴与文化之间的交叠关系，那么他们也将失去其立足之地。(Hollis and Lukes, 1982; Wilson, 1970)

然而，事实上，只要自然发挥作用且没有被贴上特定文化的标签，人们在通常情况下都暗中使用了第三个模型：一种普遍主义模型，我将之称为 【105】
"特例"(particular)模型。一个社会——它总是我们的西方社会——界定了自然的普遍框架并以之来定位他者。下面是列维-斯特劳斯的解决方案：他将西方社会单独对待，认为它是对自然的一种特殊解释，而基于此，我们的社会则能够奇迹般地理解自然。其论证的前半部分所允诺的是一种温和的相对主义(我们仅仅是众多解释中的一种)，但是第二部分则偷偷摸摸地召回了一种傲慢的普遍主义——我们是绝对不同的。不过，在列维-斯特劳斯看来，在这两部分之间并不存在矛盾，这恰恰是因为，只有我们的现代制度才允许我们能够在由人类所构成的社会 A^1 与另外一个由非人类(它们被永远地从第一个社会所取消)所构成的社会 A^2 之间作出区分！时至今日， 【106】
只有对称性的人类学才能分辨出其中的矛盾。后一个模型中包含了其他两个，不管相对主义者(他们只会将文化相对主义化，对其他从来都是视而不见)如何辩解，都是如此。

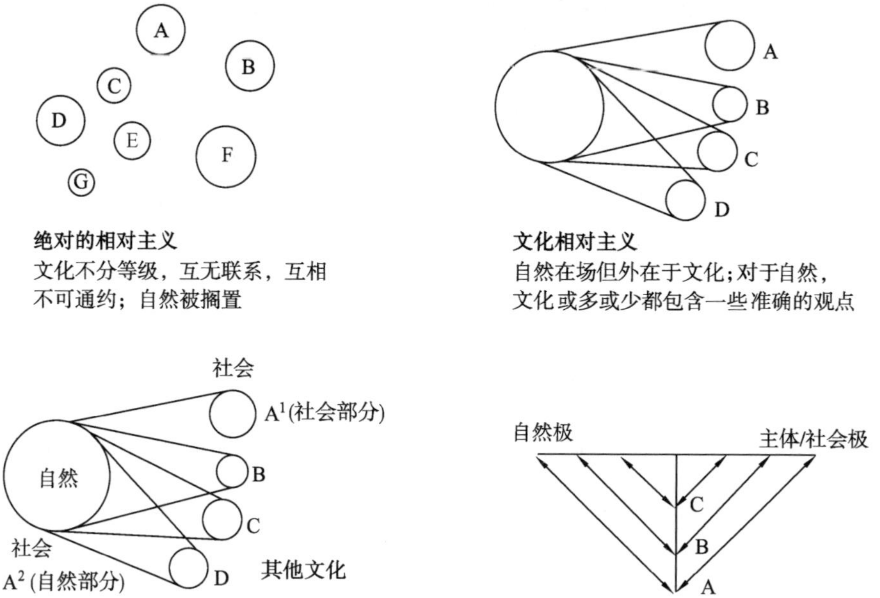

绝对的相对主义
文化不分等级，互无联系，互相不可通约；自然被搁置

文化相对主义
自然在场但外在于文化；对于自然，文化或多或少都包含一些准确的观点

特例的普遍主义
某一种文化A具有理解自然的特权，这将之与其他文化区分开来

对称性的人类学
所有集体同样都构成了自然与文化；它们之间只有动员规模的差异

图 4.4　相对主义和普遍主义

在文化的平等性这一点上，相对主义者从未令人心悦诚服，因为他们仅仅将其关注点局限于文化之中。那么，自然呢？按照他们的观点，既然普遍性的科学已经为之提供定义了，因此，它对所有人来说都是一样的。为了摆脱这一矛盾，他们接下来要么通过将所有人锁入其自身社会的牢笼之中从而将他们限定在对世界的表征之上，要么反此道而为之，即将所有的科学结果还原为地方性的、偶然性的社会建构的产物，从而否认科学具有任何普遍性。不过，从时间产生以来，要将数以百万计的人们锁入到一个歪曲的世界观之中，就像要将中微子、类星体、DNA 和万有引力等设想为德克萨斯人、大不列颠人或者勃艮第人的产品一样，都是不可能的。两种回应都蠢不可及，这就是为什么有关相对主义的争论，尽管非常激烈，但总是没有出路的原因。要将自然普遍化，就像将它还原到单一的文化相对主义框架之中一样，是毫无可能的。

随着文化假象的消失，解决方案自然而现。所有的自然—文化都是相似的,因为它们都同时建构了人类、神和非人类。没有任何一种自然—文化能够存在于一个符号或者记号的世界之中,而这个世界又被武断地强加于仅仅为我们所认知的外在自然之上。所有的自然文化,特别是我们自身的,也并不是存在于一个物的世界之中。何者需要被赋以符号、何者不需要,它们都会自行选择。如果在我们的所作所为之间还有一个共同之处的话,那肯定是我们同时建构了人类集体以及围绕于其四周的非人类。在他者建构其集体的过程之中,有一些动员了其祖先、狮子、恒星以及那些献祭品的凝固血液;在建构我们的集体的过程中,我们则动员了遗传学、动物学、宇宙学和血液病学。"但这些是科学!"现代人会大声惊呼并对此种混淆感到毛骨悚然。"他们必须尽最大可能地摆脱社会表征!"然而,把科学拉出来也并不足以打破这种对称性,这是比较人类学的一个发现。从文化相对主义,我们前进到了一个"自然的"相对主义(natural relativism)。前者将我们引向荒谬之地,后者则使得我们又返回了常识世界。

4.6 尺度上的差别

然而,相对主义的问题并未解决。我们暂时所解决的,仅仅是由于抹杀自然而导致的这种混淆。现在,我们发现自己遭遇到了自然—文化的产物,我称之为集体——要注意,我所说的集体与社会学家所认为的社会(自 【107】
在之人)是不一样的,同样,与认识论者所想象的自然(自在之物)也是不同的。正如我前文所言,按照比较人类学的观点,这些集体之间具有类似性,它们重新分配了在稳定化之后即将成为自然和社会因素的那些部分。如果说一个集体没有将天与地动员为其组成部分,没有将身体与灵魂、财产与法律、诸神与祖先、权利与信仰、野兽与神话之中的存在物等动员为其组分,我想,还没有人听说过这种事情吧。……这就是古老的人类学的基质,也是我们所从未放弃过的。

不过,这一共同的基质仅仅界定了比较人类学的出发点。在它们区分事物的方式、分配给事物的特性以及它们认为可接受的动员方式上,所有的集体都是彼此不同的。这些不同构成了数之不尽的细微分类,但是从未存在过能够将某一集体与其他集体分开的伟大分界。在这些细微的分类之中,其中一个我们可以将之确认如下:三个世纪以来,它将某些特定集体中的某些特定片段强化为某种官方版本。这就是我们的现代制度,它将非人类的角色归为一类实体,又将公民归为另一类,而一个武断的、毫无力量的上帝所具有的功能则被归为第三类,并且切断了转义的工作与纯化的工作之间的联系。就其自身而言,这一制度并没有将我们与他者完全分开,因为在比较人类学看来,在可以对我们进行界定的一长串不同特征之中,这仅仅是其中之一点。这些特征将会被转录为人类学系的巨大数据库之中的一系列条目——最后,它只获得了"人类与非人类关系档案"这样一个新名称!

在分配可变几何(variable-geometry)中的实体时,我们与阿丘雅人之间的差异,就像他们与达比哈拜人(Tapirapè)或者阿拉佩什人之间的差别一样惊人。然而,这样一种比较,所考虑的仅仅是自然—文化的共同产物中的一个,这仅仅是集体的一个方面。这可能满足了我们的正义感,但它在很多方面又遭遇了与绝对相对主义相同的困境,因为它将人们之间的差异完全等同化,从而很轻易地就取消了差别。它使得我们无法对本书开头就已指出的我一直都在追寻的某些其他方面做出说明,即动员的领域,也就是同时既为现代化之结果又是其消亡之原因的领域。〔1〕

这是因为对称性原则的目标不仅仅是要确立平等(这是一视同仁的唯一办法),而且也要重新登录(register)差异(即在最后的分析之中的不对称
【108】 性)、要理解那些使得某些集体能够支配其他集体的方法。尽管集体在其被共同制造的方式上可能存在类似之处,但它们在尺度上却还是不一样的。核电站、地铁的橡胶轮胎、卫星网络、河外星系的星团等,其最初的测度重量,并不比片块木头所点燃的星星之火、那似乎要坠落到我们头顶的天空、一本家谱、一辆小推车、天堂中的灵魂或者一段宇宙演化更加有分量。正如前文所言,这并不足以打破对称性。在每一种情况之下,拟客体都在迈着那犹豫不决的脚步,同时追踪着自然的结构和社会的结构。然

〔1〕 此处依据法文版译出。——译者注

而，当测度过程结束的时候，前者勾画出了一个与后者完全不同的集体。这些新的差异也需要被确认，而且也正是基于先前被对称性原则所校订的范围，这些差异才是可测度的。

换句话说，差别非常巨大，但仅仅是规模上的差别。它们非常重要（文化相对主义的错误在于忽视了它们），但也不是绝对不成比例的（普遍主义的错误在于将之确立为了一个伟大分界）。除了规模之外，集体之间是非常类似的，就像是一个螺旋的前后相继的曲线一样。某一集体会需要其祖先和恒星，而其他的则更加奇怪地需要一些基因和类星体。将集体的各个维度聚为一体，在此之上，这些事实才可以得到解释。更多数量的客体需要更多数量的主体。更高层次的主观性也需要更高程度的客观性。如果你想考察霍布斯及其继承人，你就必须同时考虑波义耳及其追随者。如果你想讨论利维坦，你必须也要考虑到空气泵。这种张力可以使我们既尊重差异性（螺旋的维度确实在变化）同时又尊重相似性（所有的集体都以同样的方式将人类和非人类实体混合在一起）。相对主义者将所有文化视为对自然的同等武断的编码，从而试图将其置于平等的基础之上，他们并没有看到一些集体试图支配另一些集体时所作出的努力。而作为另一方面的普遍主义者，又无法理解集体之间的深层相似性，因为他们必须要将接近自然的权力单独交给西方人，并且将所有其他人囚困于社会范畴的牢笼之中，从而使得他们无法成为科学的、现代的、西方化的人。

科学和技术获得了万众瞩目的地位，并不是因为它们是真实的或者是有效的——这仅仅是它们额外所获得的属性，当然，其获得的原因与认识论者的解释完全不同（Latour, 1987）——而是因为它们使得在集体的制造过程中所登录的非人类因素增殖，使得由这些存在物所组成的共同体变得更加紧密。螺旋的扩展以及它所导致的征募范围——这是一个永远都在扩大的范围，而且它将这些存在物募入其内——所有这些都是现代科学的特征，因此，现代科学并不是那些能够与其前科学的过去完全割裂的认识论的断裂。现代知识与权力之间是不同的，这并不是因为它们最终能够逃脱社会的暴政，而是在于它们能够增加杂合体的数量从而重组社会联系并扩大其规模。不仅空气泵如此，而且细菌、电、原子、行星、二次方程、自动化与机器人、磨坊与活塞、无意识之物与神经传递素等都是如此。在螺旋的每一个转折处，拟客体的新转义都会为社会、为主体、为客体的重新定义提供一个新的动力。对“我们”来说，科学和技术一点都没有反映社会，就像对于“他们”而言，自然没有反映社会结构一样。这并不是一个镜子的游戏。集体在一个不断扩大的范围内自我建构。它们确实是不同的，但这仅仅是尺度上的不同。从自然来看，它们并无不同之处；从文化来看，更是如此。

4.7 阿基米德的政变(coup d'état)

在广义对称性的导引之下，我们考察了这种新的不对称性，那么，又该如何理解它呢？集体的相对规模，将会由于对特定类型的非人类的征募而深深改变。为了帮助我们理解这种规模上的变化，普卢塔克(Plutarch)所叙述的那个不可思议的实验是再好不过的例子了——米歇尔·奥第叶(Michel Authier)称之为“学人准则”(the canon of the savant)(Authier, 1989)，它就像波义耳的空气泵一样惹人关注：

> 阿基米德(Archimedes)是希尔罗国王(King Hiero)的一位男性亲戚，也是他的朋友。阿基米德写信告诉国王，任何既定的力都可以挪动任何重量。他用有力的证明更加大胆地告诉我们，如果存在另外一个地球，而他又能到达那个地球，那么，他就可以撬动我们所在的这一个。希尔罗非常吃惊，于是他请求阿基米德将其主张付诸实践，向他展示四两如何拨千斤。于是，阿基米德选定了皇家舰队的一艘三桅商船，并让众多的壮劳力将之拖于岸上，然后，使商船满载乘客和货物。他自己则在远处坐定，没有别人的任何帮助，他非常沉稳地单手操作着一个复合滑轮系统，将船向自己的方向平稳地拉动，仿佛它就是在水中运行一样。国王大惊失色，他也明白了这是阿基米德技术的力量，因此他劝说阿基米德为其制造在每一场战斗中可能用到的进攻武器和防御武

器。(Plutarch, Marcellus' Life, xiv, 7－9, Bernadotte Perrin 翻译)

通过这样一个作为传义者的复合滑轮装置,阿基米德不仅颠覆了力量 【110】关系,而且在将真正的机械装置提供给国王从而使得普通人具有万夫不当之力之后,也颠覆了政治关系。当时,君主代表了大众,是人民的代言人,但他并不因此就拥有更大的力量。阿基米德通过将政治表征的关系转变为机械之间的比例关系,从而为利维坦实现了一种不同的组织原则。如果没有了几何学和静力学,君主将不得不与能够绝对压倒他的社会力量妥协。但是,如果你再为政治表征的游戏增加上杠杆技术,那么,单单凭此,你就可以变得强于大众,就可以出击并进行自我保护了。因此,希尔罗的大惊失色也在常理之中。直到那时,他才第一次将政治权力纳入到了与复合滑轮的关系之中。

但是,普卢塔克的思考走得更远。在第一个时刻,阿基米德借助于大与小之间的比例关系、借助于简化模型与实物应用之间的关系,将(物理)力与(政治)力联结起来。但还有与此相关的第二个时刻,也是一个更具有决定性意义的时刻:

然而,[在用战争武器将锡拉库扎(Syracuse)武装起来之后],阿基米德拥有了如此崇高的精神、如此深邃的灵魂、如此珍贵的科学理论财富,因此,尽管他的发明已经为他赢得盛誉并且得到了智慧超群的美誉,但他却并不想在此问题上留下任何论著以流传于世,而是将那些迎合生活需要的工程师的工作和每一项具体的技术都视为卑贱庸俗之举。对他而言,能够赢得其全身心投入的仅仅是对那些没有受到人类需求影响的微妙之处和魅力之所的研究。(Plutarch, xvii, 4－5)

数学证明与低层次的体力劳动、粗鲁的政治较量以及纯粹的应用之间都是不可通约的。阿基米德是超凡脱俗之人;数学的力量也是超自然的。

在这两个时刻之间的所有组分、联系、联盟、关系所留下的痕迹，现在都被擦拭得一干二净，甚至一些文章都消失得了无痕迹。在第一个时刻，产生了一个不知名的杂合体，借助于此，阿基米德通过其所建立的在政治结构与比例定律之间的联盟，从而由弱变强。第二个时刻则将政治和科学纯化，将人类的帝国与数学的理念世界区分开来，并取消了它们之间的可比较性(Serres, 1989)。阿基米德点并不是在第一个时刻获得，而是来自于两个时刻的联合：我们如何利用一系列彼此之间具有可通约性的新方法来
【111】从事政治，而同时又要拒绝在绝对不可通约的活动之间的任何联系呢？这一情形具有双重的肯定意义：希尔罗利用一些器械来保卫锡拉库扎(当然，我们也知道如何通过计算比例关系来制造这些器械)，这样，集体也就相应地扩展了；但是，这种规模变化的根源，这种可通约性的根源，却永久性地消失了。数学的理念王国成为了新生力量的源泉，它具有良好的可用性，但是永远不具有可见性了。是的，科学确实是以别种方式而进行的政治，这些方式非常有力，这恰恰也是因为它们是完全不同的方式。

在了解了阿基米德的政变(或者说，普卢塔克的政变)之后，我们可以界定这种新型的非人类对集体构造过程的切入口了。问题并不在于如何费尽九牛二虎之力从而发现几何学如何"反映"了希尔罗的利益，或者说锡拉库扎社会如何被几何定理所"限定"。而是说，通过将几何学征募入内，并且接着又否定之，一个新的集体被建构起来了。社会并不能解释几何学，因为那是一个新的以几何学为基础的社会；它开始建造锡拉库扎的城墙从而抵挡马塞卢斯(Marcellus)的大军。以政治为基础的社会，仅仅是在取消了城墙和杠杆、滑轮和利剑之后的人工构造物，就像是17世纪英格兰的社会语境也是通过取消最初的空气泵和处于襁褓期的物理学而建构起来的一样。只有当我们取消了那些为集体所征募起来的非人类时，剩下的陈谷烂渣(也就是社会)才变得难以理解，因为其规模、其持久性、其牢固性已失去了各自的原因。没有了空气泵、利刃、刀光剑影、发票、计算机、文件和宫殿，人们照样可以通过无遮蔽的公民和社会契约来维持利维坦(Callon and Latour, 1981; Latour, 1988c; Strum and Latour, 1987)。如果没有了客体，社会联系将难以成为一个有机整体；而这些客体，作为现代制度的

另一个分支，我们可以将之动员起来同时又使之与社会之间保持永久的不可通约性。

4.8 绝对的相对主义和相对的相对主义

然而，即便是我们已经同时将自然—文化的深层联系（人类学那古老的基质）、集体之间的规模差异和动员范围的不同等等统统纳入思考范围，相对主义的问题仍然没有解决。事实上，我已多次指出，规模是一个与现代制度相关的问题。恰恰是因为现代制度的担保者，拟客体才被彻底而又不可挽回地转变为外在的自然客体或社会主体，而且这些拟客体的动员也才呈现出了前所未有的繁荣。对称性的人类学非常公正地对待这一特点，【112】而不是对之强加一些认识论的断裂、伟大的形而上学分界，也没有将前逻辑社会与逻辑社会、"热"社会与"冷"社会、对于政治乱插一脚的阿基米德与生活在理念世界之象牙塔中的阿基米德之间的区别强加其上。这项工作的全部挑战就在于，要用最少的方法产生出最多的差异（Goody, 1977; Latour, 1990a）。

与前现代人相比，现代人只具有一个显著的特点，他们拒绝将诸如拟客体之类的事物概念化。在他们看来，随杂合体而来的便是恐惧，而这种恐惧必须要被规避，不管花费何种代价，都要通过一种永无休止的甚至疯狂的纯化工作而化之。单就其自身而言，在建构性表征中的这种区别无关紧要，因为它并不能够将现代人与其他人分开。纯化过程数量庞大，而集体亦同样如此。然而，通过拒绝将拟客体概念化，制造差异的机器被启动了，因为正是这种拒绝导致了某种特定类型的存在物的增殖，甚至达到了无法控制的地步：客体成为社会的构造者，它被驱逐出社会世界，并被分配到了一个超验世界，当然，这个世界并不是神圣的——相反，那是一个能够产生随波逐流的主体（法律和德性的承受者）的世界。波义耳的空气泵、巴斯德的细菌、阿基米德的滑轮，都是这样的客体。这些新的非人类具有某些不可思议的特性，因为它们同时既是社会的又是非社会的、既是自然的生产者又是社会的构造者。它们是比较人类学的魔术师。开了这个头，科学和技术将会以一种神奇的方式出现于社会之中,这样的奇迹会使西方人得以自诩为与众不同的人。第一个奇迹导致了第二个(其他人为什么没有这样做呢?),并接着产生了第三个(我们就这么与众不同?)。这一特征将会导致大量的差异,这些差异通过伟大分界、通过西方人的宏大叙事而聚集起来并且得到了总结和扩展,最终将西方文化与其他文化绝对地区分开来。

这一特征一旦被查明,并进而被中立化,那么相对主义对我们也就无计可施了。没有什么能够阻挡我们了,我们要重新打开问题之门,去思考如何通过界定至今为止仍然被混淆在一起的两种相对主义,从而确立集体之间的关系。第一种是绝对的相对主义;第二种是相对的相对主义。第一种将文化锁入了异国情调和奇思怪想之中,因为它接受了普遍主义的观点,但拒绝按照它展开行动。如果不存在共同的、唯一的、超验的评价工具,那么所有的语言都将是不可翻译的,所有的私密情感也都将无法交流,所有的仪式都应赢得相同的尊重,所有的范式都是不可通约的。对于口味或者颜色来说,这是毫无疑问的。尽管普遍主义者宣称这样一种普遍的准
【113】绳是存在的,但是绝对的相对主义者仍然沉浸在否定此种事物的喜悦之中。他们的态度可能有所差异,但是两个团体都会赞同,对于其争论而言,最根本的问题在于是否承认某种参考框架作为其绝对准绳。

这等于说,他们并没有将相对主义的实践甚至是相对主义这个词严肃看待。确立它们之间的联系;使它们可通约;调整测度工具;制定一系列的度量衡标准;编纂各种符合关系的字典;讨论规范和标准之间的共存性;扩展标准化的网络;确立和商谈测度的评价标准——这是"相对主义"的某些含义(Latour, 1988b)。绝对的相对主义,就像是其孪生对手理性主义一样,忘记了测度工具也是由人类所确立起来的。忽视工具化的工作,并且将科学与自然等同起来,这使得人们丝毫不能理解可通约性概念本身。他们甚至更加彻底地忘记了,西方人自己所作出的巨大努力,其目的也就在于评价其他人,并且通过制造其他人彼此之间的可通约性,通过军事征服和科学探险创造出那些先前并不存在的评判标准,从而将他们归为一类。

然而,如果要理解这种测度工作,我们就必须为这个名词加上一个形

容词“相对主义的”，这会使得这个名词看上去不至于那么蠢不可及。相对的相对主义恢复了那被认为是已经丢失了的共存性。可以肯定的是，相对的相对主义，既放弃了普遍主义在其一般的论证中所包含的内容，也放弃了最早的文化相对主义的基础——也就是说，“绝对的”。它并没有半途而废，它善始善终，在蒙太奇式的工作方式中，它重新发现了实践和争论，发现了征服和支配，发现了关系的确立过程。弱相对主义使得我们与普遍性保持距离；而强相对主义则又将我们推回到了普遍主义，不过对于这种网络之中的普遍性而言，并不存在某些神秘特征。

普遍主义者界定了一个单一的统治者。绝对的相对主义者赋予所有等级以平等的地位。相对的相对主义者更加中庸也更加经验化，他们指出了在不对称性和平等性、在层次和差别的创造过程中，到底是何种工具、何种链条发挥了作用(Callon, 1992)。世界是可通约的还是不可通约的呢？这仅取决于那些坚持标准测度方式的人。然而，所有的测度标准，不管是在硬科学领域还是在软科学领域，都是处于测度过程之中的标准，并且也建构了在其测度之前根本不存在的某种可通约性。相对于其他事物来说，就其自身而言，没有任何东西既是可还原的又是不可还原的。从其自身来说，确实从未如此，但它又经常通过其他事物的转义而为之。当转义恰恰成为关联过程之关键的时候，人们又如何宣称世界是不可转义的呢？当成百上千的机构在不停地将世界联结为一个整体的时候，人们又如何能说世界正在分散化呢？作为众多学科之一、众多体制之一的人类学自身就参与 【114】
了联结的工作，参与了建构目录和博物馆的工作，参与了派遣使团、探险队和考察团并且分发地图、调查问卷和文件整理卡的工作(Copans and Jamin, 1978; Fabian, 1983; Stocking, 1983, 1986)。人种学就是处于测度过程中的一种测度标准，它通过建构某种特定的可通约性，从而在实践中解决了相对主义的问题。如果说相对主义面临着无法解决的问题，那么相对的相对主义——或者有一个更加优雅的词，关系主义——原则上不会有什么困难。如果我们不再是彻头彻尾的现代人，关系主义将会成为将集体联结起来的根本资源之一，而且它也将与现代化脱离关系。我们一直都在上下求索的世界是诸多相对的世界，在对这些相对世界之全球化的协商过程中，关系主义作为一种工具，将会大有用武之地。

4.9 世界祛魅过程中的一个小错误

我们确实与其他人不同，然而我们对这些差异的定位，却绝对不能等同于相对主义那既已终结的问题对此的观点。作为集体，我们全都是兄弟姐妹。如果将那些仅仅是由实体分布的微弱不同而导致的在维度上的差异排除在外，我们就会发现在前现代人与非现代人之间的某种渐变性。不幸的是，相对主义所面临的困难并不仅仅来自于它对自然的搁置，亦来自于另外一个相关信念——世界真正觉醒了。它不仅产生于西方人的自负——他们认为自己与其他人截然不同，也来自于他们的绝望，这成了他们自我惩罚的方式。他们喜欢用自身的命运来吓唬自己。当他们在蛮族和希腊人之间、在中心和边缘之间进行比较时，当他们为上帝之死、为人类之死、为欧洲的危机、为帝国主义、为道德失范的现状甚至为文明的终结(我们现在明白它终究会消亡)而雀跃欢呼时，他们的声音却颤抖不定。成为与众不同之人，成为与过去决裂之人，我们从中得到了那么多的乐趣吗？如果心理学家足够聪明，他们又会如何解释这种永久的危机感、如何解释终结历史的愿望，为什么它们在使得我们闷闷不乐的同时却又给我们创造了快乐？为什么我们喜欢将那些集体在规模上的细微差别夸大至如此戏剧性的地步呢？

为了能够完全避开现代人的这种病态状况(这使得我们无法确认各种集体)的发生，并进而能够更加自由地讨论它们，比较人类学必须要精确测度这些规模的效果。现在，现代制度需要将集体的效果与其原因混淆起
【115】来；当然，如果现代制度仍然发挥效果，它是无法得出这一点的。现代人认为他们需要众多的原因，但又被其效用的规模所震惊。现代制度所确认的仅有的那些原因看上去似乎是不可思议的，因为它们完全是本末倒置，现代人不得不明确地认为自己异于常人。在他们的手中，那失根的、有教养的、美国化的、科学化的、技术化的西方人成为了一个斯博克(Spock)式的变异人。为了世界的觉醒，我们所付出的眼泪还不够多吗？可怜的欧洲人

被抛入了一个冷酷的死气沉沉的世界，他们一直都是在一个毫无意义的、毫无生机的星球上踯躅而行。我们难道不是在用这样的观念自我吓唬吗？虽然说无产阶级绝对从属于机械资产阶级和卡夫卡式（Kafkaesque）的官僚统治，或许他们在语言游戏中被抛弃，或许他们在水泥与塑料制品中迷失，但是，我们不也曾在他们面前颤抖不已吗？当消费者从其汽车的驾驶室里出来，径直走入摆放电视机的房间，并接受媒体以及后工业社会的控制时，我们不也为之感到悲哀吗？我们竟然像苦行僧式地穿上那谬不堪的衣衫，甚至于在后现代式的胡言乱语中自得其乐！

然而，我们从未放弃过那古老的人类学的基质。我们一直都在不停地使用着由可怜的人类和卑微的非人类所构成的原材料，以建造我们的集体。当我们的实验室和工厂每天都在使用着比以前更加奇特的杂合体来填充这个世界时，我们又如何能够完成世界的祛魅呢？波义耳的空气泵难道还不如阿拉佩什人的灵魂屋更加奇怪（Tuzin，1980）？它对于建构17世纪的英国社会是微不足道的吗？当所有的科学家都在试图不断地增加新的实体，并最终以一种还原论者的姿态将之还原为少数几个时，我们又是如何成为这种还原论的牺牲品的呢？既为鼠目寸光之辈，那我们又如何能成为一个理性主义者呢？当我们所发明的每一种新物质都具有某些新的属性，而我们却又未将之统一起来之时，我们又如何能成为唯物主义者呢（Dagognet，1989）？当机器由主体构成，并且从未进入一个具有或多或少稳定性的系统时，我们又如何成为一个整体的技术体系的牺牲品呢（Kidder，1981；Latour，1992a）？当科学仍然处于热火朝天却弱不禁风的阶段，当其仍然处于带有人性并弥漫争议的时刻，当其仍然处于充满着会思考的苇草和主体（事物便是存在于主体之内）之时，科学的一个小喷嚏就能让我们感冒，缘何如此呢（Pickering，1992）？

一旦我们重新确立起对称性并且同时重视纯化的工作与转义的工作，那么，现代人对自己所犯的错误将很容易理解。现代人混淆了产品与过程。他们相信那些理性官僚所预设的官僚式的理性化产品；相信那些依赖于普遍主义科学家的普遍科学的产品；相信那些能够保证工程师的有效性 【116】
的有效技术的产品；相信抽象化的产品本身也是抽象的；相信形式主义的

产物本身也是形式化的。如果这样，我们完全可以说，用一种精炼的方式可以制造出精炼油，或者说牛奶场可以通过一种制造黄油的方式制造出黄油！“科学”、“技术”、“组织”、“经济”、“抽象”、“形式主义”、“普遍性”这些词，它们确实指称了很多我们必须要尊重而且也必须要对之进行说明的实际效果。但是，它们绝没有指称这些效果的原因。作为名字，这些词可能非常好用；但是作为形容词，却非常糟糕；作为副词，则更是令人可怕。科学并没有以科学的方式制造出自身，同样，技术也没有以技术的方式制造自身，而经济也没有以经济的方式制造自身。实验室里的那些科学家们，波义耳的那些继承者们，对这一点非常清楚，但是只要他们开始反思自己的所作所为，他们就宣布了这些词的诞生；而作为霍布斯继承者的社会学家和认识论者却又经常将这些词挂在嘴边。

现代人(或者说反现代人)的悖论就是，从一开始，他们就接受了大量的认知解释或心理学解释，以便能够解释那同样数量庞大的效果，而在其他的科学领域，他们试图用最少的原因解释最多的效果。还原论从未被应用于现代世界，而人们却认为它已经被运用于一切！我们自身的神话就是，甚至在我们发现哪怕是微小的差异和分歧之前，我们都将自己设想成是完全不同的。然而，一旦这双重的伟大分界消失，神话的庐山真面目也就显现出来。一旦我们同时将纯化的工作与转义的工作考虑在内，普通的人类与普通的非人类也一定会重返我们的世界。令我们最为惊奇的是，我们竟然发现自己对于科学、技术、组织和经济的产生原因知之甚少。随手打开一本社会科学和认识论方面的书，你就会看到人们是如何使用这些形容词及其副词形式的，这些形容词包括“抽象的”、“理性的”、“对称的”、“普遍的”、“科学的”、“组织化的”、“整体的”、“复杂的”。如果你去寻找一些词来解释“抽象”、“理性”、“体系”、“普遍性”、“科学”、“组织”、“整体性”、“复杂性”，而同时又不使用它们对应的形容词和副词的话，你会幸运地发现竟然有很多。我们对于阿丘雅人、阿拉佩什人、阿拉迪亚人的了解，甚至多于我们对自身的了解，这可真是荒谬。只要微小的局部原因能够产生出局部的差异，我们就能够追踪它们。我们为什么不再循着它们奇特的地形学，去追寻那数之不尽的林间小路呢？正是这些林间小路将我们从地方引向

了全球、又从全球导回到地方。我们是否就该永远将人类学判属于其最初领域，从而使得它无法追踪网络呢？ 【117】

4.10 甚至是长网络亦全方面地保持了地方性

要准确评价我们的特异之处，而不是像相对主义者习惯的那样将之还原，也不要像现代人所希望的那样将之夸大，我们就需要认为现代人仅仅是通过征募(enlist)某一特定类型的非人类而创造了长网络。网络的延展过程在其早期阶段就已经被打破，因为它可能会威胁到领地(territory)的维持(Deleuze and Guattari, [1972]1983)。但是通过增加半客半主的杂合体——我们称之为机器和事实——的数量，集体改变了其地形学。尽管对新的存在物的征募，已经导致了从局部到全球之关系的变化，并进而产生了大量不同寻常的效果，但是，我们却仍然继续使用那对古老的对立范畴即普遍性与偶然性来思考它们，而且，我们似乎也是在将西方人的长网络转变到一个对称的、全球的整体之中。为了驱散这个谜团带来的阴霾，就要去追寻那些允许这种规模之变化的路径，尽管对它们可能还有些不习惯，亦要去考察事实与定律的网络，而不是天天盯着煤气管道或者下水道。这样做就足够了。

在技术网络中，关于西方的规模效果的世俗解释非常容易理解(Bijker and others, 1987)。如果我们一开始就使用相对主义来解释之，那么要理解这种相对的普遍性——这是其最伟大、最荣耀的断言——就是轻而易举的了。一条铁路是地方性的还是全球性的呢？两者都不是。它在任何具体的地方都是地方性的，因为人们到处都可以发现枕木和铁路工人，也可以发现铁路沿线总会有车站和自动售票机。是的，它也是全球性的，因为它将你从马德里(Madrid)带到柏林(Berlin)、从布雷斯特(Brest)带到符拉迪沃斯托克(Vladivostok)。然而，它又不具有足够的普遍性，因为它难以将你送到任何地方。我们不可能乘坐火车到达马勒比(Malpy)奥弗涅人(Auvergnat)的村庄或者到达马基特德雷顿(Market Drayton)的斯塔福德(Staffordshire)小村庄。只要有足够的分支线路，那么，从地方到全球、从具体到普遍、从偶然到必然之间的道路就不会间断。

铁路模型可以推广到我们日常所遭遇的任何技术网络。或许，我们可以说电话已经遍布世界各地，但是如果我们没有将电话线与听筒连接起来的话，我们仍然很清楚这根电话线对我们一无用处。污水管道系统确实非常普遍，但这并不能保证我们扔到地板上的一片薄纸就能够进入其中。电磁波或许已是无孔不入了，但是如果我想要接收到有线电视新闻网(CNN, Cable News Network)的节目，我仍然需要一根天线和一个解码器，当然也需要进行预订。因此，在技术网络的具体例子中，我们毫不费力地就可以将它们的地方特征与全球维度协调起来。它们由某些特殊的地点所组成，并且由一系列分叉联结在一起以便能够通过其他地点、借助于其他的分叉
【118】来扩展自身。在这些网线的中间，严格地说，空无一物，没有火车、没有电话、没有进水管道、没有电视。技术网络，正如其名所示，仅仅是在空间中延伸的网，仅仅容纳了空间中分散要素的一小部分。它们仅仅是一些相互连接的线条，而不是面。它们绝非全面的、全球的或者对称的，即便它们包含了某些面并且扩展了很长的距离，它们仍不可能完全覆盖这些场面。而相对普遍化的工作则非常容易理解，因为关系主义可以全方面地追踪它。每一个分叉，每一条线，每一个联结处，都可以被记录(document)下来，因为它们产生了一些示踪器(tracer)，当然也并不是那么容易就可以把握的。它几乎可以被扩展到任何地方，它可以在时间和空间中蔓延，当然，这并不需要它填充起所有的时间和空间(Stengers, 1983)。

然而，对于那些着迷于扩散效应(the effects of diffusion)或者信奉认识论之科学定义的人而言，这一技术网络的模型并不适用于思想、知识、定律和技能。这些示踪器变得难以追踪，难以被文录下来，而且人们可能会在那联结地方性与全球性的崎岖小径中迷失方向。因此，那些与偶然性的具体环境完全不同的普遍性，便有了用武之地，其陈旧的哲学范畴也就被运用到了它们身上。

这样，思想和知识可以毫不费力地传播到世界各地。有些思想看上去是地方性的，其他的则似乎是全球性的。万有引力非常有效，并且在所有地方都发挥作用，这就使得我们非常相信它。波义耳定律、马里奥特(Mariotte)定律、普朗克常数在任何地方都起作用,在任何地方也都保持不变。就像毕达哥拉斯定理和超限数(transfinite numbers)一样,它们看上去非常具有普遍性,因此,它们甚至摆脱了这个世俗世界而重新加入了阿基米德的神圣工作之中。也正是在这里,古老的相对主义及其孪生对手理性主义开始露出其本来面部,因为它与这种普遍性相关,而且也仅仅与这种普遍性相关。而卑微的阿丘雅人、可怜的阿拉佩什人或者是幸运的勃艮第人则陷入了令人绝望的偶然性和武断性之中,并且永久性地成为了其局部特质与地方性知识之狭隘联盟的俘虏(Geertz, 1971)。如果我们所拥有的仅仅是威尼斯、热那亚和美国商人的世界经济,仅仅是电话和电视、铁路和下水道,那么,西方人的支配地位仅仅会表现为某些无力的、微不足道的网络所进行的暂时的、脆弱的扩展。但是,还有科学,它一直都在更新,一直都在试图将网络所留下的空洞之处综合起来、填充起来,从而将网络变成一种具有绝对普遍性的光滑的、统一的面。直到今天,我们的科学观仍然导致了一种绝对的支配(而这种支配本来却该是相对的)。所有可能从具体情境通向普遍性的连续的微妙路径,都被认识论者切断了,我们发现自己将 【119】可怜的偶然性放在一边,而将必然定律放在了另一边——当然,也无法将两者之间的联系概念化。

现在,对于面和几何学而言,"地方"和"全球"这两个概念非常适用,但是网络和拓扑学毫无可用之机。理性化的信念仅仅是一个简单的范畴性的错误。数学的一个分支却与另一分支混淆起来!如果我们将之视为技术网络,那么观念、知识或者事实的旅行将是非常容易理解的(Schaffer, 1988, 1991; Shapin and Schaffer, 1985; Warwick, 1992)。幸运的是,从认识论的终结、从制度的终结、从它赋之以权威却并未将之完全包含在内的技术变革那里,我们很容易地得到了某些借鉴。多亏思维机器和思维计算机使得精神的物化成为可能,因此,事实的旅程也就变得像铁路或者电话那样易于追踪。当信息以比特和波特进行衡量时,当人们订阅一个数据库时,当人们进入(或者退出)一个分布式的智能网络(a network of distributed intelligence)之中时,要想对普遍性进行描述,就会变得更加困难,就像是徘徊于水源上方的精神一样(Lévy, 1990)。今天,与其说理性与柏拉图的理念更加相似，倒不如说它与有线电视网络更具共同之处。因此，与过去相比，我们能够更加容易地将定律和常数、将证明和定理视为稳定化的客体。当然，这些客体能够在非常大的范围内自由流通，但是会停留在那完全展开的计量网络(metrological networks)之中而无法逃脱，除非是通过分叉、履约和解码(decoding)。

我们可以用一种非常通俗的话将学术话语之中的这个话题表示出来，即我们可以将科学事实比作冷冻鱼：其低温运输系统不能被破坏，虽然只是暂时性的。网络中的普遍性，产生出了具有同样绝对普遍性的效果，但找不到具有同样普遍性的原因。人们完全有可能在"各地"证实了重力的存在，但要以测量和解释框架的相对扩展为代价。实验者对空气泵进行的各种改造使其渐渐传遍整个欧洲，假设人们能够有钱装配这样的空气泵，那么，空气弹性也就可以在任何地方得到验证(Shapin and Schaffer, 1985)。如果不是认可了这一多重的计量网络，如果不是认可了某些特定的实验室和仪器，人们将无法验证那些微不足道的事实、那些琐碎无聊的定律和那些细枝末节的常数！毕达哥拉斯定理和普朗克常数进入了学校，进入了火箭、机器和仪器，但是它们从未离开过它们的世界，就像阿丘雅人从未离开过他们的村庄一样。前者构成了加长的网络，后者则构成了领地
【120】或者循环，差异非常重要也必须得到尊重，但这并不允许我们使用它为诸如将前者转变为普遍性、将后者转变为地方性之类的做法辩护。毫无疑问，西方人可能会相信，即便是在没有任何仪器、任何计算、任何解码、任何实验室的情况下，万有引力都具有普遍性，就像是新几内亚(New Guinea)的比米尼-库斯库米尼人(Bimin-Kuskumin)认为天下只有他们是人类一样，但是比较人类学却从未认为自己必须接受这样一种冠冕堂皇的信念。

4.11 利维坦是一团网络

就像现代人难以停止对其科学之普遍性的夸大一样(通过将之从实践、仪器和制度之间的微妙网络中摆脱出来，从而为偶然性向必然性之间的过渡铺平了道路)，与此相对应，他们所能做的也只能是夸大自身社会的

规模和稳固性,别无他为。他们自认为是革命者,因为他们创造出了普遍的科学,并使之永久摆脱了地方性的特质,也因为他们发明了大量理性化的组织,并使之抛弃了对过去的地方性的忠诚。在这一过程中,他们不止一次地丢掉了其自身发明的原创性:一种新的拓扑学使之可以到达任何地方,但其拥有的也仅仅是那些——在社会化的客体和一个通过纯化非人类而产生的更加永久的社会之间的——狭窄的力作用线和不断的杂合化。现代人为其事实上并不拥有的那些美德(理性化)而欢欣鼓舞,同样也对其所犯下的罪行(又是理性化)而自我鞭挞! 在这两种情形中,他们都完全错误地估计了差异的范围和彼此之间的关联。他们认为存在着诸如人、思想、情境等地方性的事物,也存在着诸如组织、定律、规则之类的全球性概念。他们坚信存在着许多语境以及其他情境,它们拥有了某种神秘的性质,某种"去语境化"、"去地方化"的性质。确实,如果我们不重构起拟客体之间的传义网络,我们也就难以理解社会,同样也无法理解科学真理。转义者被抹杀了,它本可以取得一切,而两极一旦被孤立起来,它就什么也不是。

如果没有那些数之不尽的客体来保证其持久性和可靠性,社会理论的那些传统对象诸如帝国、阶级、职业、组织、国家将变得难以理解(Law, 1986, 1992; Law and Fyfe, 1988)。例如,IBM、赤军、法国教育部或者世界市场的规模如何呢? 毫无疑问,这是一些超大规模的行动者,因为它们动员了成千上万的甚至上百万的力量。因此,如此的广度自然是事出有 【121】
因,因为它们在规模上已经绝对超越了过去的那种小集体。然而,如果我们在 IBM 公司内部闲逛,如果我们在教育部的走廊里进行调查,如果我们研究一下一块香皂的买卖过程,那么我们则从未离开过地方性的层次。我们总是处于与人们的互动之中,不管这些人是四个还是五个;校舍管理人员总是有其监管的范围;领导者的会议听起来就像是员工会议一样;对于销售人员而言,他们也在不断地找着零钱、不断地填写着发票。宏观行动者是由微观行动者构成的吗(Garfinkel, 1967)? IBM 公司是由一系列地方性的互动组成的吗? 一个嘈杂的大厅,无数杂合的会议,这就构成了赤军? 堆积如山的文件就可以构成教育部? 抑或是,世界市场就是由一系列的交换和交易所构成?

考虑一下火车、电话或者普遍常量,我们发现了同样的问题。一个人是如何被联结起来并且成为既非地方性又非全球性的?现代社会学家和经济学家过去难以提出这种问题。他们要么保持在非常"微观"的层次、保持在人际交往的层次,要么一下子就跳跃到"宏观"层次并且仅仅考虑他们所相信的去语境化的、去个性化的理性。杜撰出一种无灵魂的、没有行动力的官僚体制,就像是杜撰出一种纯粹的、完美的市场一样,反映出了普遍的科学定律的神话。现代人并没有不停地追查下去,他们强行加入了一个彻底的本体论区分,就像是16世纪人们在深受诸如腐朽之害的月下世界与在那毫无变化也毫无不确定性可言的月上世界之间所做的区分一样。[1](同一位物理学家,当面对伽利略在本体论上的区分时,他可能嘲笑不止;然而,他却又迫不及待地对之进行重建从而使物理定律摆脱社会的侵蚀!)

不过,确实有一个阿里阿德涅线团能够帮助我们从地方性连续地过渡到全球性、从人类过渡到非人类。这个线团就是实践和仪器网络,是文件和转译网络。虽然我们生活于卑微的、地方性的月下关系之中,但是任何一个组织、市场抑或是机构,也并不是由某种异于此种关系的物质所构成的月上世界的客体(Cambrosio et al. ,1990)。不同之处仅仅在于,它们是由一系列杂合体所构成的,并且为了展开自身,它们也动员了大量的客体。卡尔·马克思或者费尔南德·布劳岱尔(Fernand Braudel)所认为的资本主义并不是全然的马克思主义式的资本主义(Braudel, 1985)。它由一系列的某种长网络所构成,并以某些结算中心和计算中心为基础进而将整个世界纳入其中。一步一步地追随它,你将永远都不能跨越那条区分地方与全球的神奇界线。阿尔弗雷德·钱德勒(Alfred Chandler)对美国大公司之
【122】组织形式的描述,肯定异于卡夫卡对组织的描述。它就是一个编织在一起的网络,并且非常秩序化地将一系列的协议、流程图、地方性程序和特殊交易物质化,凭此,它就可以扩展到整个大陆,只要它还没有覆盖它。人们可

〔1〕 此处依据法文版译出。——译者注

以全面追踪一个组织的发展,不要试图改变其层次,也不要试图去发现那种"去语境化"的理性。极权国家的尺度是通过对统计学上计算网络的建构、通过对办公室和审查的建设而获得的,这绝对不可能与全能国家(total state)的奇妙的地形学相吻合(Desrosières, 1990)。诺顿·怀斯(Norton Wise)所描绘的开尔文(Kelvin)勋爵的科学—技术帝国(Smith and Wise, 1989),或者汤姆·休斯(Tom Hughes)所描述的电力市场(Hughes, 1983),从未要求我们脱离特定的实验室、会议室或者控制中心。然而,这些"力量的网络"和这些"力作用线"确实在整个世界范围内扩展开来。由一系列契约经济所描述的市场,确实处于人们的管理之下,确实是全球性的,即便这种管理和集中的原因既不是全球性的也不是整体性的。集合体的构成物质,与它们所正在集合的物质并无二致(Thévenot, 1989, 1990)。并没有一只手突然伸进来为这些处于分散状态、混沌状态的原子体创造出秩序,不管这只手是看得见的还是看不见的。地方与全球两极,就像是由那些所谓的传义者构成的网络一样无趣。

4.12 喜好边缘的怪癖

形容词"自然的"和"社会的",所指称的是对集体(其本身既非自然的也非社会的)的表征,同样,"地方的"和"全球的"这两个词所涉及的是网络,网络在本质上既非地方性的也非全球性的,但这些网络还是具有一定的长度并且被或多或少地联系在一起。我所称的现代性的异域性(exoticism),就在于它将这两个相反的方面视为我们世界的界定者,将之视为我们与其他人之区分的标志。这样,四个不同的区域便产生了。自然与社会并不是由同样的组分所构成;全球与地方也是截然不同的。然而,我们所理解的社会,仅仅是用我们自认为对自然的了解来界定的;反之亦然。同样,对"地方的"界定,也仅仅是通过对照我们所认为的应该赋予"全球的"某些性质而进行;反之亦然。因此,当这两对对手被分别配对时,现代世界的谬误程度才被我们所理解:在中间,不存在可以思考的对象,即没有集体、没有网络、没有转义;所有的概念资源都被聚集到了四个极端。我们那

【123】 可怜的主体—客体，那卑陋的社会—自然，那谦恭的地方—全球，被严格地四分于本体论的区域之中，它们互相界定，却从未与我们的实践一致过。

这种四分使得我们揭示出了现代人的悲剧，揭示出了他们是如何使自己异于其他所有人类和所有自然物的，而且这种差异是绝对的、无可挽回的。这四个术语作为表征，与赋予其意义的集体和网络并无直接关系，但如果我们否定这一点，这种悲剧就不再是不可避免的。中间，这个曾经被视为毫无事情发生的地带，现在充满了一切。在四极——自然和社会、普遍性和地方性，在现代人看来，它们是一切力量的源泉——除了那些为整个现代性提供制度担保的被纯粹化的力量之外，空无一物。

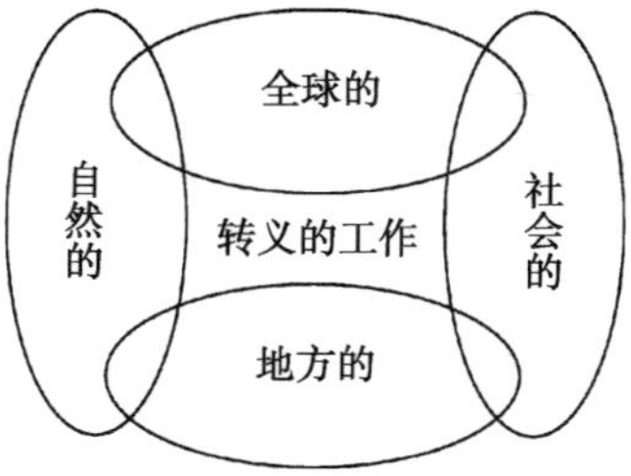

图 4.5　**现代制度的四极**〔1〕

当反现代人试图从那失事的船只中拯救出某些东西时，他们只是接受了现代人最肤浅的那些观点，这样，悲剧变得让人更加痛不欲生。反现代人坚定地认为，西方人已经将自然理性化，并使之祛魅，相信他们已经用充满于空间之中的那冷冰冰的、理性的怪物将社会填充起来，并认为他们已经完全将前现代的宇宙转变为了纯粹物质的机械互动过程。当然，现代化者将这些过程看做是一种荣耀，虽然此间充满着痛苦的征服；与之相反，反现代人则认为此情形是一种空前的大灾难。除了正负符号的方向相反之外，现代人和反现代人分享了完全同样的信念。而后现代人则往往都有点刚愎自用，他们也同意这种情形确实是一个灾难，但是他们却又认为我们应该为之欢呼而不是抱怨！他们将自己的缺点作为了独一无二的优点，就像他们其中一个以他那奇特的风格所声称的那样："对形而上学的克服表

〔1〕依据法文版增加此图。——译者注

现为对座架的克服"("the Vermindung of metaphysics is exercised as Vermindung of the Ge-Stell",Vattimo,1987,p.184)[1]

那么,当面对这一失事的船只时,反现代人又做了些什么呢?他们承担起了一项鼓舞人心的任务,他们要拯救所有能够被拯救的:灵魂、心灵、情感、人际关系、符号维度、人类的温情、地方的特殊性、圣经诠释学,拯救所有的边缘与外围之地。这是一项多么崇高的使命,不过,如果你能在那些神圣的船只受到威胁之时就发现他它们,那将是一项更崇高的使命。那么,威胁究竟来自何处呢?当然不是来自于集体,它并没有抛弃那充满着灵魂与客体的脆弱而又狭窄的网络;当然也不是来自于科学,人们日复一日地通过分叉和校准、通过仪器和调整来追求着它的相对客观性;当然更不是来自于社会,只有具有某种可变本体论特征的物质实体增殖时,它的规模才会发生变化。那么,它到底来自于哪里?好吧,我来回答:它部分来自于反现代人自身,部分来自于其同谋的现代人,他们相互恫吓并且都为
作为结果的规模增加了大量的原因。"你在对世界进行祛魅;但我仍然要 【124】
保存精神的权力!""你想要保存精神?那么,我们会将之物质化!""还原主义者!""唯心主义者!"反还原主义者、浪漫主义者和唯心主义者越是想拯救主体,那些还原主义者、科学家和唯物主义者就越是维护客体。后者越是夸夸其谈,前者越是心惊胆寒;前者越是抓狂,后者越是相信他们自己是多么的令人敬畏。保护科学和理性的纯粹性,使之免受激情和利益的污染;保护人类主体独一无二的价值和权利,使之免受科学和技术客观性的支配——大多数的伦理学家们所勤耕不辍的,不正是这样两个相反却又对称的任务吗?

对边缘性的辩护预设了整体性核心的存在。但是,如果核心及其整体性只是一个错觉,那么坚持边缘性的主张也就荒诞之至了。如果有人主张

[1] 拉图尔对此句子的引用存在一个问题,他将"Verwindung"误写为了"Vermindung";在Vattimo的书中,他写道:"Cela sigifie que la Verwindung de la Métaphysiques' exerce comme Verwindung du Ge-Stell。"具体可参见,Gianni Vattimo(1987),La fin de la modernité: nihilisme et herméneutique dans la culture post-moderne,Paris: Le Seuil,p.184.此外,作者的名字应该是Gianni Vattimo,而不是Gianni Vatimo。——译者注

用肉体的苦难和人性的温暖来反对科学定律的冷冰冰的普遍性，并为此提供辩护，那么，我们只能说其初衷是好的。但是，如果普遍性产生于一系列的场点之中，而在这些场点中，我们那温暖的血肉之躯却又一直在经受着苦难，那么这种辩护本身不也是不可理喻的吗？要保护人类免于受到机器和技术专家的统治，这是一项崇高的事业，但是如果机器中也充满着人类，而且这些人也认为他们在机器中发现了救赎的方法，那么这样一种保护本身是不是有点荒唐(Ellul, 1967)？证明精神的力量超越于机械自然的定律之上，也是一项崇高的使命，但如果物质不具有物质性、机器也不具有机械性，那么这项计划同样也就荒诞不经了。在技术的座架刚刚开始控制一切的时候，去拯救存在，即便绝望至呼天抢地，这仍不失为一项崇高之举，因为“危险诞生的地方，拯救也随之而生”。但是厚颜无耻地试图从一个从未发生过的危机中获利，那就是愚不可及了。

如果你考察一下现代神话的起源，你总是会发现有一些人，他们利用精神、情感、主体或者边缘的不可逾越的边界来反驳现代性。人们试图给现代世界的灵魂补充点什么，而现代世界所真正拥有的灵魂却被抛弃——它所曾经拥有的、也绝对不能失去的那个灵魂。删减与添加，这两种操作使得现代人和反现代人能够在根本共识的基础——我们与其他人是完全不同的，我们与自己的过去完全决裂——之上相互恫吓。当今的科学和技术、组织和官僚体制是现代人和反现代人所提供的有关这场空前灾难的唯一证据，也正是通过它们，科学论能够以一种最好的、最直接的方式向大家表明古老的人类学基质的永恒魅力。毫无疑问，长网络的革新是非常重要的，但这并不能成为对此大惊小怪的一个原因。【125】

4.13 请不要再错上加错啦

然而，要抚平现代人的这种失落感绝非易事，因为其起点是基于一种本身相当崇高的情感。现代人已经认识到，他们对于自然和文化世界的其他部分犯下了无法挽回的罪行，他们的力量和野心也空前膨胀，并且已经到了违反其自我本性的地步。如何才能使现代人回归正常的人性和非人性，而又不至于太过着急地就赦免他们正在试图抵赎的那些罪行呢？尽管我们的罪行罄竹难书，但这仍然是正常的；我们的优点更是数不胜数，当然，这同样是正常的：我们又如何才能（正确地）发出这样的宣言呢？

我们的罪行可以与我们对自然的接近相提并论：即便是当我们在衡量其后果时，我们也不能夸大其原因，因为这种夸大本身就是更大的罪恶的原因。甚至是整体化，尽管它非常重要，但每一种整体化都能够推进极权主义。我们不需要将整体的支配强加于真实的支配之上。我们不能够再增加暴力的力量；也不能将整体的帝国主义强加于真实的帝国主义之上；亦不能将一种绝对的去领地化（deterritorialization）赋予资本主义，因为资本主义已经是非常真实的了（Deleuze and Guattari，[1972]1983）。同样，我们也不能用超验性、整体性、合理性和绝对性来为科学真理与技术的有效性提供辩护。我们带来了罪行，带来了支配，带来了资本主义，带来了科学。我们所需要理解的仅仅是日常领域，微弱的原因及其强大的效果（Arendt，1963；Mayer，1988）。

丑化或许更讨我们的喜爱，因为如果这样，我们便仍然保持了自己的特殊性，即便是罪恶的；我们仍然与其他人、与我们的过去彻底决裂，尽管在此之前我们认为自己是最好的现代人，而现在则成了最坏的现代人。但整体化却又以一种迂回曲折的方式做了为自己所抛弃的事情。它使得其实践者面对敌人时表现得软弱无力，而其敌人则具备出色的优点。一个整体的、天衣无缝的系统是无法被分割开的。一个超验的、同质的自然是无法被重组的。一个完全对称的技术系统也无法被重新改造，对任何人而言都是如此。一个卡夫卡式的社会也不可能和谐相处。一种“去领地化”的、彻底精神分裂的资本主义也无法被任何人所重组。一个与其他的文化—自然彻底决裂的西方，也就失去了讨论的可能性。为武断性所永久蒙蔽的文化以及一种既成的、连续的表征，都无法被评价。一个完全遗忘了存在的世界将是不可救药的。一种被彻底的认识论断裂所永久割裂的过去，任何人都无法对之重新界定。

对整体性的所有这些补充，仅仅是批评者的一厢情愿，而作为其对象的行动者却并没有要求他们这样做。试想一下，一些小企业的所有者在获 【126】

得了一些市场占有率之后便会犹豫不前，一些征服者疯狂至浑身颤抖，某些穷困潦倒的科学家在其实验室中思考，一些低级的工程师到处笼络与权力多少相涉的关系，有点口吃并胆小如鼠的政治家，即便将他们批得一无是处，而你又能得到什么呢？资本主义、帝国主义、科学、技术、支配——都具有同样的绝对性、对称性和整体性。在第一种情形中，行动者浑身发抖；在第二种情形中则没有这样。第一种情形中的行动者战无不败；而在第二种情形中则战无不胜。前者中行动者的工作仍然非常接近于那脆弱的、充满变动性的真实的转义工作；现在，它们却被纯化了，它们都成为完美无缺的了。

那么，对于这样一种天衣无缝的、毫无裂痕的面，对于这样一种绝对的整体性，我们又能做些什么呢？当然，完全弃之不用或将之完全翻转过来，并彻底改变之——这是那些最完美的现代人（马克思主义者）所惯用的策略。天哪，一个多么可爱的悖论！凭借着批判精神，现代人在创造出了一个整体的体系和一个整体的革命以便终结另外一个体系的同时，同样也遭遇了此种革命的失败——这一失败将之完全抛入了后现代的失望之中！我们总是自责自己犯了多少罪行，这难道不就是这些罪行的原因吗？批判者看重的是制度而不是转译，他们想当然地认为我们不具备修补、重组、杂合和挑选的能力。集体总是在那些脆弱的意志网络中形成，但是在此网络的基础之上，批判者却详细阐述了一种同质的整体性，而且在我们彻底改头换面之前，我们也无法理解这种整体性。尽管这种翻转是不可能的，但我们仍然屡败屡战，因此，我们也是在从一个罪恶走向另外一个罪恶。整体化者的这些禁忌（Noli me tangere）却又如何成为道德的证据呢？是不是一种对激进的、整体的现代性的信念会导致道德败坏呢？

或许，分析一下代际效果会更加公平。我们是战后出生的一代，在我们的身后先是那些黑色阵营后来又是红色阵营；在我们面前的是饥荒，头顶却又是核子武器的末日威胁；在正前方，是地球遭到全方位的破坏。确实，我们无法否定规模带来的效果，但是我们更无法毫不迟疑地相信不管是政治、医学、科学还是经济革命所带来的无可比拟的优势。然而，我们出生于科学的时代，我们所知道的仅仅是和平与繁荣，而且，无可否认的是我们热爱着技术和消费品，尽管老一辈的哲学家和道德家教导我们要憎恨它们。对我们来说，技术并不是什么新鲜玩意；就一般意义而言，它们也并不是现代的产物，因为它们过去就一直构成了我们的世界。我们已经将它们消化掉并且内在化，亦或许是社会化了，在这些方面，我们远远超过了前人。这是因为，不管科学和技术天性是善还是恶，我们第一次将这两个方 【127】面都否定了，同时在没有考察其内部所蕴含的到底是天堂还是地狱的条件下，就享用了它们的善与恶；或许，对我们来说，非常容易就可以找到其原因，而不是求之于白人，或者是资本主义的天性、欧洲的命运、存在的历史或普遍理性。也许，时已至今，我们非常容易就可以放弃对自身特殊性的信奉了。我们并不是什么天赋异禀之人，我们非常的普普通通。当然，其他人也并不具有什么特殊性。他们跟我们一样，他们一直都是我们的同胞。请不要再认为自己是与众不同的了，请不要再错上加错了。

4.14 不断增加的超验性

如果我们不再是全然的现代人，也不再是前现代人，那么，我们应该在何种基础上对集体展开比较呢？现在，我们知道了，我们不得不将一些非官方的转义工作增加到官方的制度之上。当我们将制度视为过去那非对称性的人类学所描述的文化时，我们最终所能得到的只有相对主义和一种不可能的现代化。如果反此道而为之，将之视为集体的转义工作，从而提出一种对称性的人类学，我们也就揭露了绝对的相对主义的错误。而且，我们同样也就与现代人所发展出的各种资源划清了界限：社会、自然、话语——更不用说那被搁置的上帝。这是相对主义最后的困难：既然比较已经成为可能，那么到底在何种公共范围内，所有的集体——自然和社会的生产者——会发现它们同样地涉入其中呢？

它们处于自然之中吗？当然不是，因为天衣无缝的、超验的外在自然只是集体所产生的一个相对的后发结果。它们处于社会之中吗？当然也不是，因为社会仅仅是自然的对称的人工物，它是在所有的客体都被取消之时、在利维坦的超验性产生之时所留下的唯一东西。那么，它们处于语言之中吗？这不可能，因为话语只是另外一个人工产物，只有当作为外部实在的所指与社会语境都被搁置的时候，它才有意义。它们存在于上帝那里吗？这也不太可能，对于这样一个形而上学的实体而言，他是一个相关者，却仅仅占据着一个无关紧要的位置，从而使自己能够在这两个对称性的实体——自然和社会——之间保持尽可能远的距离。它们处于存在之中吗？更不可能了，因为通过一个惊人的悖论，存在的思想已经成为了残羹冷炙，它被排在任何一种科学、任何一项技术、任何一个社会、任何一部
【128】历史、任何一种语言，甚至是任何一种神学之后，它已经被人所抛弃，仅仅成为了存在物的一个扩展。自然化、社会化、语言化、神圣化、本体论化——所有的这些"化"同样是没有道理的。所有这些操作都无法为集体提供一个安身立命之基，更不用说使得集体间的可比较性成为可能了。不，我们不能够从自然滑向社会、从社会滑向话语、从话语滑向上帝、又从上帝滑向存在。只要它们之间仍然卓然不同，这些力量就一定会扮演着一种制度性的角色。它们中没有任何一个可以覆盖、填充或者包含其他，也没有一个可以用来描述转义或转译的工作。[1]

既然这样，那么，我们又是什么呢？我们到底是立于何者之上呢？只要我们还在问这样的问题，我们就毫无疑问地存在于现代世界之中，并且着迷于建构某种内在性(immanere:居于其中)而解构另外一种内在性。用一个老套的表达，就是我们仍然停留在形而上学之中。现在，通过穿行于这些网络，我们无须为自己寻找一个基础，特别是同质性的基础。或者说，我们仍然停留在亚物理世界之中。那么，我们是否像其他人一样天生就是一种力量、一种文本、一个社会或者一种存在物呢？

也不是这些，因为如果我们不是将可怜的现象交付于自然和社会的魔掌，而是使得转义者能够产生出自然和社会的话，我们实际上就是颠倒了现代化之超验性的方向。自然和社会都成为了历史的相关产物。然而，既然网络之外并无他物，因此我们也并不是仅仅落入了内在性之中。我们并不需要为空白处填上颜料。正是"超验性"和"内在性"这两个概念最终终

〔1〕此处依据法文版译出。——译者注

结了存在,而现代人在返回非现代性的过程中,又使这两个概念发生了改变。是谁告诉我们说,超验性一定要有一个对立面呢?我们从未放弃过超验性——即是说,一种传球式的转义维持了它的在场。

对于某种其他的所谓前现代文化而言,它所具有的某些活力或者精神力量,虽然并不清晰,但总是令现代人感到吃惊。纯物质、纯机械力在任何地方都不存在。精神和行动者、神和祖先总是被混合在一起。相比之下,从现代人的观点来看,现代世界被祛魅了,其神秘性被剥离,并且被那些平滑的纯内在力所支配。在这些力之上,是我们人类强加的某些符号维度,而在其之外,或许又是尽管被搁置却亦具超验性的上帝。现在,如果没有了内在性,如果仅仅存在着网络、能动者、行动者,我们就不可能被祛魅。人类并没有非常武断地就将"符号维度"强加于纯物质力之上。这些力,就像我们一样,是超验的、活跃的、躁动的、精神性的。自然,就像社会或者被搁置的上帝一样,也不是那么容易就可以接近的。我们不再在那三个同时【129】具有超验性和内在性的实体之间玩弄现代人的狡猾游戏,我们所得到的是超验性的单一增殖。人们创造出这样一个论战术语,仅仅为了对抗内在性的侵袭,而一旦失去了其对立术语,这个词的含义也就需要发生相应的改变。

这种没有对立范畴的超验性,我称之为"委派"(delegation)。话语、委派或者发送一个信息或者一个发信者(sender),使得自己的在场成为可能——亦即,它们的实存成为可能。当我们抛弃现代世界的时候,我们并没有倒向某人或某物,也没有立于某种本质之上,而是立于一种过程、一种运动、一种通道之上——稍微文学化一点,在这个术语的球类游戏的意义上来说,也就是立于一个传球之上。我们的起点是一个连续的并且冒险的实存——说其是连续的,正因为它是冒险的——而不是某种本质;是现状,而不是永久性。我们的起点是联结本身,是通道和关系;任何从此关系中浮现出来的存在物,都不能被接受为一个起点。当然,这种关系同时既是集体性的、真实的,又是话语性的。我们的起点也不是作为后来者的人类,亦不是更近才产生的语言。意义的世界和存在者的世界,与转译、替代、委派、传递中的世界,是同一个世界。我们应该说,对于本质的任何其他定义都是毫无意义的，事实上，它不具备维持在场或者持续下去的手段。所有的持久性，所有的稳定性，所有的永久性，都与转义者联系在一起。正是对没有对立范畴之超验性的这种探索，加上所有的那些教廷使臣、转义者、委派者(delegator)、偶像、机器、塑像、仪器、代表、天使、军官、发言人和四翼天使一起，使得我们的世界变得如此非现代。什么样的世界才能使我们同时重视自然物、技术、科学、神话存在物、大小宗教、政治、司法权、经济和无意识呢？当然，是我们自己的世界。当我们用转义者、委派和转译者代替本质并赋之以意义的时候，这个世界就不再是现代世界了。这就是我们为什么现在还不承认它的原因。与那些所有的代表、天使和军官生活在一起，这看上去似乎是一个旧世界。不过，它却一点都不像人种志学者所研究的那种文化，因为西方的人种志学者从来就没有从事过一种对称性的工作，从而将委派、转义者和转译者带回家，带回到其自己的国度。过去，人类学是建立在科学、社会或者语言的基础之上的；它总是在普遍主义和文化相对主义之间摇摆不定；最终，不管是对于“他们”还是对于“我们”，其所言都少之又少。

5 重新分配

5.1 不可能的现代化

在勾画出了现代制度以及它长久以来都不可战胜的原因之后，在表明了为什么拟客体的出现已经将批判性的革命颠覆并使得我们不得不将非现代维度与现代维度视为一体之后，在重新确立了集体之间的对称性并进而在测度它们之间规模差异的同时提出了相对主义的问题之后，现在我们将讨论最困难的一个问题，即非现代世界（在我看来，我们正在进入这一世界，而从未真正离开过）的问题。在此基础上，我将得出本书的结论。

现代化，尽管它通过暴力和流血几乎摧毁了所有的文化和自然，但它还是有一个清晰的目标。最终，现代化使得人们能够在外在的自然定律与社会制度之间确立起区别。征服者将这一分界应用到了世界各处，而杂合体则既没有被归属于自然也没有被归属于社会。分界的过程，借助了在科学、技术、管理、经济和宗教领域中存在着内在的、持续性的激进革命这一观点——这完全就是一项推土机似的工作，在其身后，过去永远消失了，而在其面前，至少，未来被打开。过去，仅仅是野蛮人的一群乌合之众；将来，则是一个文明化的别样世界。毫无疑问，现代人完全承认他们也将客体与社会、宇宙论与社会学杂合在一起。但是，这是在过去，在他们仍然停留在前现代阶段的时候。通过那些不断发生的可怕的革命，他们已经将自己与过去的联系完全切断。既然其他的文化仍然将理性的限制与社会的需求混合在一起，因此他们需要现代人的帮助，从而能够通过切断过去进而走
【131】出这种混淆的泥淖。不过，现代化者也很清楚，即便是在他们所处的那个中央位置的孤岛上，野蛮主义仍然存留下来，其中，技术的有效性和社会的武断性彻底地交织在一起。但是很久之前，他们就完成现代化了，他们将横扫他们的孤岛，我们所有人都将居住在同样的地球之上；我们都是同等程度的现代人，经济理性、科学真理、技术的有效性已经永久性地摆脱了社会利益的桎梏，而我们每个人都同等地具有从此中获益的能力。

某些现代化者会继续唠叨不停，似乎这样一种命运是可行的，也是可取的。然而，若将之表述出来，却只能看到这一主张的自相矛盾之处。现代制度通过否定杂合体的存在从而使其增殖。正是借助了这样一种制度，现代化者自己才能担负起杂合体增殖的责任。既然这样，那么，我们最后又是如何将科学和社会纯化的呢？长久以来，现代人的不断增加掩盖了这一矛盾。在国家、科学、技术领域的永久革命，通过将杂合体吞并入自然或者社会之中，从而最终将之吸收、纯化、文明化。但是我们最初指出的两个失败，即左翼的社会主义和右翼的自然主义，已经暴露出了纯化的不合理性，也使得矛盾更加清晰。革命无法再为我们的飞行提供永久向前的动力。杂合体多之又多，没有人知道如何才能将之纳入现代性那陈旧的许诺之地。这进而导致了后现代人的急刹车。

现代化对于前现代人而言意味着残忍与野蛮，但是后现代化又意味着什么呢？帝国主义的暴力至少为我们提供了一个将来，而现在征服者的突然衰弱却更加糟糕；因为过去，它总是切断自己与过去之间的联系，现在，它却切断了自己与将来的联系。多可怜的人啊，在承受了现代之现实的一巴掌之后，今天，我们又不得不屈服于后现代的超现实。万物都无价值，万物都是一个映像、一种错觉、一种流动的符号；他们又在唠叨，恰恰是这种脆弱能够将我们从技术、科学和理性的入侵中摆脱出来。为了终止这种伤害和侮辱，难道真的就值得去摧毁一切？后现代人生活于其中的世界是个空空如也的世界，是一个被他们自己也仅仅是被他们自己所抽空的世界，因为他们事实上还是走了现代人的老路。后现代主义是现代主义的一个

矛盾性符号，但是它却无法解决这一矛盾，因为它同样分享了现代制度的上半部分——科学和技术是超人类的，但是它却抛弃了现代制度之所以强大与伟大的原因——拟客体的增殖和人类与非人类之间的传义者的增殖，当然，后者是以人类与非人类之间的绝对分界为基础的。

然而，要解决这一矛盾并不是非常困难。现在，我们必须对称性地思 【132】考一下纯化的工作和转义的工作。即便是在西方统治的最糟糕的时刻，要在自然定律与社会制度之间一劳永逸地划定一条界线，这也从未真正发生过。真实的情况往往是，通过将某种类型的非人类与某种类型的人类混合起来、通过在一个规模不断扩展的层面上将波义耳式的客体与霍布斯式的主体（更遑论那被搁置的上帝了）混合起来，从而建构出集体。长网络的发明是非常有意思的一点，但这并不足以将我们与其他人彻底分离开来或者将我们与过去的联系彻底切断。现代化者并不一定非要继续他们的革命性任务，因为现代化从未真正发生过，更何况这种继续非常困难，它要求现代化者不断地积蓄力量、并且无视后现代人的窘迫境地，咬一咬牙，继续信奉其双重承诺（自然主义和社会主义）。今天，另外一种更加深入也更加不同的工作在规模不断扩展的层面上发生并且继续发生下去，而现代性仅仅是对于它的一种官方表述而已。我们不必与现代性进行斗争——以反现代人的战斗方式或者后现代人的令人失望的方式——因为我们所反对的仅仅是现代制度的上半部分，但是，如果我们忘记了其活力的根源，那么我们所做的仅仅是将之强化。

然而，这样一种解救方案会不会对这一不可能的现代化进行某些纠正呢？正如我一直所说，如果现代制度允许杂合体的增殖（因为它拒绝将之概念化），那么只有当它否定其存在的时候，它才能保持其有效性。现在，如果这两部分——官方的纯化工作和非官方的转义工作——之间的尖锐矛盾变得清晰无疑，那么，现代制度是不是就不再有效了呢？现代化是不是就不可能了？我们是否就要变成或者变回前现代人呢？我们是不是就必须要皈依反现代？由于缺乏选择的自由，我们是不是不得不继续当现代人呢？尽管在后现代的黄昏中，我们已不再信任它。

5.2 最后的审查

为了回答这些问题，我们必须首先厘清本书已经勾画出的各种立场，从而将非现代定位于这些立场所能提供的最佳位置。从现代人那里，我们
【133】能得到什么呢？一切，除了他们对于其制度之上半部分的过度自信，因为这一制度需要某些修正从而也能够容纳其下半部分。现代人的伟大之处，来自于他们对于杂合体的增殖、对于特定网络的增加、对于踪迹产生过程的推进、对于委派的增加、对于相对普遍性的探索性制造。其勇气、其研究、其创新意识、其并不专业的修补、其年轻人式的过激性、其行动规模的不断增加、其对独立于社会的稳定客体和摆脱了客体的自由社会的创造，所有这些都是我们需要保留下来的。另一方面，我们要抛弃他们的错觉(不管他们视之为积极的还是消极的)，他们从自己身上发现了这种错觉，并且试图使之普遍化以将之运用到每个人身上：无神论者、唯物论者、唯心论者、有神论者、理性的、有效的、客观的、普遍的、批判的，他们与其他共同体完全不同，与那种仅仅依靠历史主义才能幸存下来的过去完全脱离关系，与主体或社会可以任意为之添加范畴的自然完全分界，并成为了事物与符号、事实与价值这些绝对二分的俘虏。

西方人自我感觉与前现代人毫无关联，这是因为外在的伟大分界。正如我所指出的，这是内在分界的一个简单结果。后者一旦被解决，前者也就自行消失，而为尺度上的差异所取代。对称性的人类学重新划分了重大分界。既然我们与前现代人之间不再是天壤之别，既然当我们谈论前现代人的时候，我们在很大程度上也是在谈论自己，因此我们也需要将他们挑出来。让我们接受他们所拥有的最好的部分，首先是前现代人无法在网络与自然和社会的纯粹两极之间进行永久性的区分，他们非常着迷于思考自然和社会、事物和符号之间的杂合产物，他们确信超验性在不断增加，他们能够以各种方式来思考过去和将来(除却以进步与退步的方式)，他们拥有与现代人所拥有的完全不同类型的非人类的增殖。另一方面，我们不能够接受他们对于集体的规模所强加的限制、通过领地进行的地方化、作为牺

牲品的过程、种族中心主义，最后也不能接受他们长期无视自然与社会的差别。

但是这种甄选的工作似乎难以完成，并且虑及上文所言，这种工作似乎也是自相矛盾的。既然对于长网络的发明和集体尺度的增加，其基础是他们对拟客体视而不见，那么，我又如何保证在接受规模的改变和拟客体的同时又允许它们的扩展呢？更糟糕的是，我又如何才能拒绝前现代人对于自然和社会之区别的长期无视、如何拒绝现代人在自然与社会之间的截然二分呢？当拟客体变得明朗之后，尺度、探索、增殖又要如何才能维持 【134】 呢？不过，这恰恰就是我漫漫求索的混合体：保留对自然和社会的生产，并且通过对于外部真理和法律主体的创造使得尺度的改变成为可能，但又不能忽视科学与社会的共同构建。这一混合体使用前现代人的范畴将杂合体概念化，同时又保存了现代人之纯化工作的最终结果，亦即一个不同于主体的外部自然。我意欲所为的是，追随从不稳定之实存到既已稳定化之本质之间的变化，反之亦然；要完成纯化的工作，但又要将之作为转义工作的一个特定案例；是要从现代人的二元论中存真去伪——拟客体的隐蔽；要从前现代人的一元论中取精去粗——通过长期混淆知识与权力的界限从而限制了“尺度”这一概念。

后现代人感觉到了现代人的危机并试图解决之，因此他们同样也进行了考察和甄选的工作。当然，既然现代主义所有的优点都依赖于现代主义这一概念，尽管现代主义从未实践过其自身的这一概念，因此，论及后现代人，我们也就不可能保留下他们的冷言冷语、他们的失望、他们的胆怯、他们的虚无，甚至是他们的自我批判。不过，只要我们将现代制度的下半部分加于其上半部分之上，后现代主义的诸多直觉就可以得到澄清。例如，我们可以保留下解构，但是由于它不再有一个对立者，如此，它就变成了建构主义，并且不再与自我解构有任何牵连。我们也可以保留下解构主义者对自然化的拒绝，但是由于自然本身不再是自然的，因此，此种拒绝不但没有使我们远离科学，反而使我们更加接近于行动中的科学。我们也可以留下后现代主义者对于反身性（reflexivity）的偏爱——但是由于所有的行动者都共同分享了权力，因此，反身性也就不再充当一个拙劣模仿的角色，反而成为了一个积极性的概念。最后，我们接受了后现代人对于某种正步前进的、连贯的、同质的时间概念的拒绝——但不再接受他们对于引用和错误的偏好，后者维持了其“过去已经结束”的信念。取消后现代人对于现代人的错觉吧，他们的缺点将会成为优点——非现代人的优点！

非常遗憾，从反现代人那里，我们看不到任何有价值的东西。他们永远都处于守势之中，他们总是相信现代人对他们的观点，总是将对立性的标签贴到每一个主张之上。他们总是反革命的，与现代人一样，他们对于时间和传统持有同样奇怪的观点。他们所捍卫的价值总是其敌人的所留下的残渣，事实上，他们从未明白过，现代人的伟大之处恰恰来自于为他们所否定的那些方面。

	保留部分	摒弃部分
从现代人那里	长网络	在自然与社会之间的分界
	尺度	对转译实践的遮蔽
	实验法	外在的伟大分界
	相对普遍性	批判性的控责
	在客观的自然与自由的社会之间的最终分界	普遍性、合理性
从前现代人那里	事物与符号之间不存在分界	总是将社会与自然秩序联结在一起
	没有对立范畴的超验性	将机械论作为替罪羊
	非人类的增殖	·种族中心主义
	强烈的时间性	·领地
		对规模的限制
从后现代人那里	多重时间	对现代主义的信奉
	建构主义	批判性的解构
	反身性	讽刺性的反身性
	去自然化	时代错置

图 5.1 我们需要保留和摒弃的部分

这一考察的得失状况似乎还不至于太不尽如人意。如果我们可以将科学和技术的对象整合到制度之中，就像拟客体和其他的很多客体——在褪去了其起源的神秘色彩之后，我们必须要彻底追踪它，从这些事件的活跃期（它们产生了大量的拟客体）到其慢慢而行的冷却期（这一过程将之蕴含到了自然或者社会的本质之中）——一样，那么，我们就可以在摒弃现代性的同时却将启蒙运动保留下来。

我们是否可以构思一种制度从而使得我们能够非常官方地确认这一工作呢？我们必须要这样做，因为过时的现代化已经无法将人和自然吸收在内了；而且，至少，这一信念也是本书的根基所在。从其自身来看，如果现代世界不重新变回它事实上一直所是之状态——像其他世界一样，是一个非现代的世界——的话，它永远都无法扩展其自身。如果我们想要将革命性的现代化所抛之身后的此两类实体——不再受我们之奴役的自然世界和不再受某人之控制的人类大众——全部吸收进来的话，我们彼此之间的这种友谊将是最根本的一个条件。现代时间通过在空前的范围内贬低人类和非人类，并将之抛入了空空如也的过去，从而给人们造成了一种不断前进的印象。然而，现在，不可逆性却导致了一个乾坤大转移。如果说【136】
还有一件东西我们无法抛弃的话，那就是具有同等程度的全球性的自然和大众。政治性的任务再次涌现，只不过这次是以一种全新的面孔出现。非常有必要对我们集体之结构作出彻头彻尾的调整，从而能够将 18 世纪的公民和 19 世纪的工人包含在内。今天，我们同样需要对自身进行彻头彻尾的改造，从而能够为科学和技术所创造的非人类留出空间。

5.3 重新分配人类主义

在对现代制度进行修正之前，我们首先要对人类进行重新定位，因为人类主义并没有对之给予足够的重视。下面是现代人所描述的并且保存下来的一些非常出色的特点：自由行动者、利维坦的公民建造者、忧伤的人类面孔、与他者的关系、意识、我思、解释、内在自我、对话中的主格与宾格、自我呈现、主体间性。但是所有这些特点都是不对称的，因为它们是科学客体——科学客体像孤儿一样，在认识论者和社会学家眼里，它们被坚持还原论的客观与理性之人操控于股掌之中——的对应物。在穆尼埃(Mounier)们的眼中，机器是什么？在列维纳斯(Lévinas)们的眼中，动物又是什么？在利科(Ricoeur)们的眼中，事实又相关何处？然而，我们现在知道，人类是无法被理解和拯救的，除非，对于与人类共享世界的物而言，我们能够使之重归本位。只要人类主义仍然以某种异于客体的方式被建构起来，而客体又以某种方式落入认识论之手，那么，其结果必然是，我们将难以理解人类和非人类。

那么我们应该将人类定位于何处呢？长久以来我们就知道，拟客体、拟主体的历史相继，是无法为人类定义一个本质的。它的历史多种多样，它的人类学也具天壤之别，因此，我们无法一劳永逸地为之寻求一个定义。但是，萨特非常聪明地将之直接定位为一种自由实存，这样就使之从一个没有意义的自然世界中摆脱出来。不过，很明显，这与我们在此的工作并不一致，因为我们已经将行动、意愿、意义甚至是说话的能力赋予了拟客体。这里没有实践惰性(practico-inert)，从而也就没有了人类实存之纯粹自由的依附之地。若要将之与被搁置一边的上帝对立起来(或者，相反的操作，将两者协调起来)也是不可能的，因为它们都与自然相对，而此三者又都从现代制度那里获得了定义。那么，人类就一定要被自然所吸纳吗？不过，如果我们参考一下特定科学领域的某些特定结果——它们用神经元、冲动、自私基因、基本需求和经济的计算赋之以活力，就像是在描述一个机器人一样——那么，我们将永远无法从那些怪物中、从我们的面具中
【137】摆脱出来。科学赋予了人类很多种新的定义，却从未试图去取代先前的那些定义，也未将之还原为任何一个同质的定义或者将它们统一起来。它们增加了实在，而不是消减了它。它们在实验室里所发明的杂合体，远比它们声称要打破的那些怪异。

难道我们就仅仅宣称人类的死亡，难道就仅仅是在一种语言游戏、在一种毫无可理解性的对非人类结构的瞬间反映中将之终结吗？不，因为我们既不是生活在话语之中，也不是生活在自然之中。不管在何种情况下，任何一种非人性的东西都无法终结人类，也无法宣称他们的死亡。他们的意愿、他们的行动、他们的话语太丰富了。难道我们就该使人类成为某种具有超验性的东西，进而使之永久性地远离纯粹自然以避免此类问题吗？这等于说是又落入了现代制度之一极的窠臼。我们是否应该使用强力，以扩展那些已经写入人类权利或者宪法序言中的某些暂时的、特殊的定义呢？这等于说又一次制造了两个伟大的分界，等于说又陷入了对现代化的

迷信之中。

如果人类没有拥有一种稳定结构,这并不就是说人类完全没有结构。如果不是将之依附于制度的一极或另一极,如果我们向中间靠拢一些,我们就会发现转义者,甚至也会发现两者之间的交叠状态。人类不是与非人类极相对立的制度性一极。"人类"与"非人类"这两种表达方式是两个过时的产物,它们也从来都没办法指称其他的维度。价值的刻度并不在于沿着联结客体极与主体极的水平直线来定义人类,而是在于要沿着界定了非现代世界的竖直轴滑动。揭示出转义的工作,人类的结构也将显示出来。如果再次取消它,我们将不得不只能谈论非人性之物,即便是它将自己也放入权利法案之中。"拟人化"(anthropomorphic)这一表达也完全低估了人性。我们应当谈论形态主义(morphism)。形态主义是技术形态主义、动物形态主义、物理形态主义、思想形态主义、理论形态主义、社会形态主义、心理形态主义等会集的地方。它们的联合体、它们之间的交流共同界定了人类(anthropos)。一个形态主义的编织工——这对于定义来说还不够吗?人类越是走进这一结构之中,也就也具有人性。它离得越远,它也就越表现出结构的多样,在其中人性难以被轻易地分辨出来,即便是它保持了人、某一个体或者自我的形象。试图将之与它所聚集起来的那些东西分离开来,若如此,我们将难以为人类主义提供辩护,我们将会失去人类主义。

人类如何受到机器的威胁呢?它制造了机器,它将自身化身于机器之中,它以机器的种类来划分自己的成员,它甚至用机器来建造自己的身体。人类又如何受到客体的威胁呢?它们全都是拟客体,都在其追踪的集体内部运转。它由客体构成,就像它也构成了客体一样。它通过物的增殖来界定自己。【138】它又如何为政治所蒙蔽呢?政治就是它自己创造出来的,在其中,关于何种表征可以允许它表达在任一时刻它自己是什么、它自己又想要什么,它不断地展开争论,并进而由此重构了集体。它如何又因宗教而黯淡失光?正是通过宗教,它们与其同胞联结到一起,它们也才知道自己之为人类。它又如何被经济操控呢?如果没有了商品的流通、没有了责任,如果没有了社会商品(我们通过与物的关系而将之制造出来)的分配,它的暂时性结构也难以确定下来。看看这个人吧(ecce homo):它被委派、被转义、被分配、被命令,它还说话了。威胁来自何方? 来自于那些试图将之归为某一本质之人,来自于那些通过贬低物、贬低客体、贬低机器、贬低社会,通过切断所有的代表和发信者,使得人类主义成为一个脆弱的、十足的物之人,而且他们还使它承担了被自然、社会或上帝所湮没的风险。

现代的人类主义者是还原主义者,他们试图将行动化归为少数几种力量,这样,世界的其他部分也就仅仅剩下了简单的缄默不语的力。确实,将行动重新分配于这些转义者之中,我们失去了人文学科的那种还原性结构,但是我们却获得了另外一种形式,我们可以将之称为非还原。人类处在自己的委派之中、处于流逝之中、处于传播之中、处于一种持续性的形式交换之中。当然,它不是一个物,但是物本身也不是物。当然,它也不是一件商品,但是商品本身也不是商品。当然,它也不是一部机器,但是任何见过机器之人鲜有认为机器就真的是机器。当然,它也不属于这个世界,但是这个世界本身也不属于这个世界。另外,它也不存在于上帝之中,但是天堂之上帝与尘世之上帝之间又是什么关系呢? 人类主义只能通过与所有这些操纵者分享自身,才能够维持自己的存在。因此,人性就是一整套它的委派员与代表、它的形象及其信使(messenger)。这样一个对称的世界,至少不差于现代人那双重非对称的世界。在与主体/社会的关系发生转向之后,这一新的立场需要由一种修正后的制度重新书写。

5.4　非现代制度

本书行文之中,我已经在政府的两个分支(即物的分支与人类的分支,前者也就是所谓的科学和技术)之间简略地重新确立起了对称性。我也向读者表明了在接受杂合体的增殖之后,这两个分支之间的力量分配已经无
【139】法名副其实地表征这一新的情形了。一种制度是由其所蕴含的担保者来断定的。从"现代的制度担保者"部分开始我们就取消了的现代制度拥有四个担保者,但是只有当它们被放到一起并且被严格分隔开时,它们才有意义。第一个担保者通过使自然区别于社会的构造,从而保证了自然的超验维度,而前现代人则与之相反,他们在自然秩序与社会秩序之间制造了

一种持续的联系。第二个担保者则通过赋予公民以人为重构社会的能力，从而保证了社会的内在维度。这是对社会秩序和自然秩序之间的持续联系的否定，而正是这种持续联系使得前现代人如果不改变其中一方，也就无法改变另外一方。正如在动员和建构自然的实践（通过动员和建构，自然已经具有了内在性）中允许的、并（相反地）使得社会（通过在前所未有的范围内将非人类因素征募在内，社会也具有了超验性）具有了稳定性和持久性的那一双重分割一样。第三个担保者确保了权力的分割，确保了将政府的两个分支保持在割裂状态，就像是被分割在两个水密舱内一样。自然，即便是被动员起来、被建构出来，它仍然与社会毫无干系。同样，社会，即便是成为超验的，并且被转义实践赋予了永久性，它也与自然毫无关联。换句话说，拟客体正式被抛弃了，我们是否应该触碰现代人的禁忌？转译网络也隐蔽不见，这为纯化的工作提供了一个无法为我们所继续追随和追踪的对应者，直到后现代人将之全然抛弃，情况才稍有改观。第四个担保者是被搁置一边的上帝，这使得人们可以通过仲裁功能将这一非对称的双重机制稳定化，不过，这个上帝却未在场、也不具有力量（参见“第四个担保者：被搁置一边的上帝”部分）。

如果要为非现代制度粗略地提供某些补充，只需要将现代制度遗忘的内容重新纳入并挑选出那些我们希望保留下来的担保者就足够了。我们一直都在致力于为拟客体提供某种表征。因此，现代制度的第三个担保者必须被抛弃，因为正是这一担保者禁止了对拟客体的分析。自然和社会并不是截然不同的两极，而是前后相继的社会—自然的同一产物、是集体的同一产物。因此，我们新纲领的第一个担保者也就成为了拟客体与拟主体之间的不可分割性。对于集体的连续展现以及它们与杂合体之间的实验过程（experimentation）而言，妨碍其开展的每一个概念、每一种制度、每一次实践都注定了是危险的，也是有害的，甚至是不道德的（我们马上就会看到这一点）。转义的工作成为了这一双重力量（自然力量和社会力量）的核心。网络从暗处浮现。中间王国开始被表征出来。在以前一文不值的第 【140】
三等级，现在也变得重要起来。

不过，我亦提醒过，我们也不要指望可以完全地变回前现代人。自然与社会之间的不可分割性，在大规模的层面上使得实验过程成为可能，因为自然的每一次转变与社会的转变之间都具有一致性；反之亦然。现在，我们希望保留现代人最主要的创新：自然的可分割性（超验性——这并不是被人类所建构出来的）和社会的自由操控（内在性——这是我们的自我创造）。不过，我们不会继续去接受相反机制的私密勾当，尽管它能够建构出内在性（自然）与超验性（使社会长久地稳定下来）。

我们是否可以保留古老制度的前两个担保者，而不用继续坚持其第三个担保者（我们现在已经看清楚了它的欺诈性）呢？完全可以，尽管乍一看这似乎有点痴心妄想。与现代制度的主张相反，自然的超验性和客观性、社会的内在性和主观性，都产生于转义的工作，而并不是依赖于彼此的分裂。产生出一个自然或者产生出一个社会，这些工作都是委派和转译的日常工作所取得的持久的不可逆的成就。在这一过程的最后，确实存在着一个自然，尽管并不是为我们所制造，亦存在着一个社会，我们可以自由改变之；也确实存在着无可争议的科学事实，存在着自由的公民，但是一旦我们用非现代的眼光视之，它们立刻就成为了某种实践的双重结果，而且现在，这种实践是可见的了，也是连续的了。而现代人的观点与此恰恰相反，在他们看来，存在着一个不可见的实践，而科学事实与自由公民则是它的两个彼此遥不可及又完全对立的原因；尽管如此，这一实践却又与它的这两个原因背道而驰。这样，这一新纲要的第二个担保者使得我们能够重新获得现代制度的前两个担保者，而且也不会使之发生分裂。那些与自然的不断客观化（使之并入一个黑箱之中）同时又与社会的主观化（自由操作）相抵触的所有概念、所有制度、所有实践，注定也将是有害的、危险的，而且也太过于简单化，甚至亦是不道德的。如果没有了第二个担保者，那么，被第一个担保者所解放出来的网络，将会依然保持其狂野且难以驯服的状态。追求客观的非人类和自由社会，这并不是现代人的错误。他们只是错在坚信那一双重产品——这一产品是那两个术语之间的绝对区分以及对转义工作的否定所必需的。

历史性在现代制度中毫无容身之地，因为它被现代制度仅仅承认的三个实体所框定。偶然的历史只存在于人类社会，革命是现代人通过与其过去完全决裂从而理解之的唯一方式——正如我在“革命的奇迹”部分所表明的。但是时间并不是一种平滑的、同质的流动。时间依赖于一系列的联 【141】结，而联结却并不依赖于时间。在将从属于所有时间、所有本体论的所有要素重新分配为一个连续性的系列之后，我们永远不会再遭遇到关于时间是否一去不返的争论了。如果我们还想恢复某种能力以便能够挑选出那些可以界定我们之道德和人性的本质要素的话，请大家清楚，最根本的一点是并不存在一种相干的时间流可以限制我们的自由选择权。第三个担保者与其他担保者一样重要，即是说，我们可以自由地进行联结，而不会再遭遇到拟古主义与现代化、地方性与全球性、文化性与普遍性、自然与社会之间的两难选择。在现代表征中，自由唯一地占有了社会极，但是现在，它已经摆脱了社会极从而进入了中间与下方的地带，并且成为了人们选择与重新融合社会技术混合体的一种能力。任何对诸如革命、认识论的断裂、哥白尼式的巨变之类的再次呼吁，任何声称某些特定实践已经过时的主张，都注定是危险的，抑或是陈糠旧秕之举（在现代人看来，情况会更加糟糕）！

现代制度	非现代制度
第一担保者：自然是超验的，却是可动员的（内在性） 第二担保者：社会是内在的，但绝对地超越于我们（超验性）	第一担保者：社会与自然之共同生产的不可分割性 第二担保者：持续性地追踪自然的产物（客观的）与社会的产物（自由的）。就此而言，的确存在着自然的超验性和社会的内在性，但是两者无法被分开
第三担保者：自然和社会是截然不同的，纯化的工作与转义的工作毫无关联 第四担保者：被搁置的上帝全然不在场，却可以对政府的两个分支进行仲裁	第三担保者：自由被重新界定为一种能力，它能够挑选出杂合体之间的联合，当然，这些杂合体不再依赖于某种同质的时间流 第四担保者：杂合体的生产，变得明晰无疑，同时也具有了集体性，因此，它成为了一种修正过的或者放慢步伐的更为扩展的民主制度的对象

图 5.2 现代/非现代制度

然而，如果我对现代制度的解读是正确的，如果它确实容许集体的发展却又在实践中否定了自己的许诺，同时，既然我们又已经使得集体的实践具有了可见性和官方的权威性，那么，我们又该如何继续推进拟客体的
【142】发展呢？我们提出了几个担保者来取代先前的担保者，这样，难道我们不是在否定这一双重语言的可能性，并进而否定集体的发展呢？这确实是我们想做的。这种放缓步伐、这种中庸之道、这种修正校准，正是我们出于道德而抱的希望。第四个担保者，或许是最重要的一个担保者，它的目的是，以一种经过修正的并获得了一致认可的杂合体的生产过程，取代杂合体偷偷摸摸的增殖。也许，是时候重新谈谈民主了，当然，我们所要谈论的是一种扩展到了物自身的民主。我们可不想再次被阿基米德的政变套住。

是否有必要再添加一点，即在这一新的制度之中，那被搁置的上帝已经从其毫无价值的地位(当然，这就是现代人此前赋予他的地位)中解放出来。上帝的问题被重新打开，非现代人再也不必费尽九牛二虎之力以便将现代人那根本不可能的形而上学普遍化了，正是这一形而上学使得他们保有了这一信仰。

5.5 物的议会

我们希望对拟客体的谨慎甄选能够成为可能，希望这不再是非官方的偷偷摸摸之行，而是官方的正大光明之举。怀着这种揭露之、详述之、宣传之的渴望，我们再次认同启蒙运动的直觉力。但是，这种直觉中却从未包含它应该接受的人类学。它已经将人类和非人类一分为二，并且认为他者——他们被否定性地当成了前现代人——之所为肯定异于我们之所为。或许，在完全有必要增加动员的范围并且增加网络的长度的同时，现在这种划分已经成为了冗余之举、成为了不道德之举——好吧，我不再拐弯抹角——反制度之举！我们曾经现代过。很好。我们不可能再以同样的方式成为现代人。当我们在对现代制度进行修正的时候，我们继续相信科学，但是没有全盘接受它们的客观性、真理、非情感性和它们的法外治权——只是在经过认识论的武断再处理之后，它们才获得的这些品质——而是保留下了关于它们的最有趣的那部分内容，即它们的鲁莽、它们的实验方法、它们的不确定性、它们的热情、它们对杂合体的不协调的杂合以及

它们拥有的重构社会纽带的疯狂能力。[1]我们取消的仅仅是关于它们之诞生的神话,规避的也仅仅是它们蒙在民主之上的黑幕所带来的危险。

是的,我们确实是启蒙运动的继承者,但对我们而言,其不对称的合理性的胸怀并不够宽广。波义耳的继任者们已经定义了一个关于失语者、关于实验室的议会,在那里,科学家们仅仅是一些传义者,他们以物之名叙说了整个故事。这些代表说了什么呢?正是物自身所该说的内容,如果只有它们拥有言说能力的话。而在实验室之外,霍布斯的继任者们却界定了共【143】和国,在其中,无法一劳永逸地叙说所有故事的无遮蔽的公民们,一致同意用他们的其中一员——主权者,一个纯粹的传义者和代言人——代表其全体。这位代表又说了什么呢?正是公民们本该说的话,如果他们具有同时发声能力的话。这一双重转译在一条平坦大道上蹒跚而行,但是,关于此转译之质量的一个怀疑却出现了。如果科学家所谈论的是其自身而不是物的话,会发生什么呢?如果主权者仅仅是在追求自己个人的利益而不是复述其选民之话语的话,结果又将如何呢?在第一个例子中,我们将会失去自然而重新落入人类争论的窠臼;在第二个例子中,我们将会蜕化到自然状态(State of Nature),落入每个人对每个人之战争的泥淖。通过在科学表征与政治表征之间界定一个截然的分裂,这一双重的背叛性转译获得了其可能性。我们永远都无法知晓科学家所从事的是转译还是背叛,也永远都不会明了代表们所做的是背叛还是转译。

在现代时期,批判者总是坚定地站在这一双重怀疑之上,因此也就永远不可能终结之。现代主义总是选择这一配置,不过,它只是不断地坚持这两类可疑的代表却并没有将它们归入同一个问题之中。认识论者所思考的是科学实在论以及科学对物的忠诚;政治学家关心的则是代表体系以及选举产生的相关官员和代言人的忠诚度问题。他们所有人都痛恨传义者,而渴望一个直接的世界、一个没有转义者的世界。所有人都仅仅认为这是获得忠诚的表征所要付出的代价,却从未明了问题的解决方案就在于政府的另一个分支。

---

〔1〕 此处依据法文版译出。——译者注

在本书的行文过程中，我已经向大家表明了，一旦科学论对这一劳动分工进行重新考察之后将会出现什么样的结果；表明了现代制度从未承诺过要建构一个公共的栖居之地以容纳现代人遗传给我们的那些社会—自然，既如此，现代制度自身在转瞬之间也就轰然倒塌。对于表征，并不是存在着两个问题，而是仅仅一个。也并未存在着两个分支，亦仅仅存在着一个，它只有在这个游戏快结束的时候、在对之进行共同考察之后才会被确认。科学家之所以看上去背叛了外在的实在，仅仅是因为他们一直都是在同时建构他们的社会和自然。主权者之所以看上去背叛了其选民，也仅仅是因为他将其公民和大量的非人类都调动起来以便使得利维坦能够持续下去。对科学表征的怀疑仅仅来自于这一信念，即如果没有社会的污染，自然将会立刻变得可以接近。“消灭社会因素吧，你最终将会拥有一个忠诚的表征”，某些人会如是说。“消灭客体吧，你最终将会拥有一个忠诚的
【144】表征”，其他人则如此疾呼。他们所有的争论都产生于被现代制度所强化了的权力分配。

让我们再次拾起关于代表的忠诚度问题的这两类表征和这一双重怀疑，我们将会定义一种物的议会。在其内，集体的连续性将会被重新形构出来。再也不会有无遮蔽的真理，当然，再也不存在无遮蔽的公民了。转义者占据了所有的空间。启蒙运动也终于占据了一席之地。自然也在场了，但是它们的代表（科学家）却仅仅是站在自己的立场上说话。社会也在场了，但是与自古至今就一直作为其基石的客体站到了一起。例如，我们让其中一个代表谈论一下臭氧层空洞，另一个描述一下孟山都的化学工业，第三个讲一讲同一化学行业的从业者，再一个表述一下新罕布什尔州（New Hampshire）的投票者，第五个谈一谈极地地区的气象问题，再让另外一个以国家的名义说话；只要他们谈论的是同一件事情，谈论的是他们所有人一起创造的拟客体、一起创造的客体—话语—自然—社会（其性质让我们都大吃一惊；其网络也凭借化学、法律、国家、经济和卫星的帮助从我的冰箱扩展到了南极地区）。这些在过去毫无立足之地的杂合物和网络，现在占据了所有的位置。它们就是那些需要被表征的东西，自此之后，在其周围所环绕的将会是聚集到一起的物的议会。“建筑者丢弃的那块石

头，现在却成为了拱顶石。"(Mark 12:10)

然而，我们并不是通过召唤另外一场革命以凭空捏造这一议会。如果我们能够反思一下我们的过去，如果我们能够回溯到一定程度从而明白我们根本从未现代过，如果我们能够将被霍布斯和波义耳所撕裂的两个象征部分重新黏合为一个可确认的象征，若能如此，那么，我们需要做的就仅仅是认可我们过去之所为。作为一半的政治在科学和技术中被建构出来；而作为另一半的自然则在社会中被建构出来。让我们将这两半重新修补起来，这样，政治的任务就可以再次启航。

我们所进行的讨论是否太过草率，以致无法公开认可已经发生的事情呢？我们应该努力去获得一个更加荣耀、更加革命性的行动纲领，而不是突出我们通过报纸上的日常新闻了解到的，当科学家、政治家、消费者、实业家和公民参与大量的社会技术争论时，在其共享领域之中那些隐约可辨认的内容，我们是否应该如此呢？正如本书从头至尾向大家展现的一样，官方的表征非常有效；而且，也正是在旧的现代制度之下，这种表征允许了杂合体的探险与增殖。现代主义不是一个错觉，而是一种积极的操作。如果我们能够勾画出一种新的制度，同此可言，我们将会深深地改变拟客体 【145】
的进程。另外一种制度将会同样有效，但是它将产生出完全不同的杂合体。对于这一仅仅依赖于现代制度之一纸公文的表征，我们是否寄予了太多的希望？或许是这样，不过有时候我们也需要一些新的公文以召集某一新的集体。当我们的先辈们为公民创造出权利并且试图将工人们纳入到社会结构之中时，他们心头萦绕着的正是这一任务。在将比较人类学的那些分散主题聚集起来之后，我已经尽到了作为一名哲学家和选举人的责任。其他人将能够召集起一个物的议会。

我们别无选择。如果不对我们共同的栖居之所进行一些改造，对于那些我们无法继续支配的文化而言，我们永远都不可能将之吸收进来；同样，对于那些我们永远都无法控制的环境而言，我们也将失去接纳它的可能性。自然和他者都不会成为现代的。是改变我们的发展方式的时候了；否则，1989 奇迹之年柏林墙的倒塌将毫无意义，尽管它所提供给我们唯一有用的教训只是社会主义和自然主义的双重失败。

索　　引

（索引词后所注页码为英文版页码）

[1] 此处页码疑为 29 - 35。——译者注

[1] 应为 transcendence,transcendance 是 transcendence 的法语对应词。——译者注
[2] 应为 Vattimo。——译者注

参考书目

Althusser, Louis (1992), *L'auenir dure longtemps*, Paris: Stock.

Arendt, Hannah (1963), *Eichmann in Jerusalem: A report on the banality of evil*, New York: The Viking Press.

Augé, Marc (1975), *Théorie des pouvoirs et idéologie*, Paris: Hermann.

Augé, Marc (1986), *Un ethnologue dans le métro*, Paris: Hachette.

Authier, Michel (1989), 'Archimède, le canon du savant', in *Élé ments d'histoire des sciences*, ed. Michel Serres, pp. 101 - 128, Paris: Bordas.

Bachelard, Gaston (1967), *La Formation de l'esprit scientifique*, Paris: Vrin.

Barnes, Barry (1974), *Scientific Knowledge and Sociological Theory*, London: Routledge & Kegan Paul.

Barnes, Barry and Steven Shapin, eds. (1979), *Natural Order: Historical studies in scientific culture*, London: Sage.

Barthes, Roland ([1970] 1982), *The Empire of Signs*, New York: Hill & Wang.

Barthes, Roland ([1985] 7988), *The Semiotic Challenge*, New York: Hill & Wang.

Bastide, Françoise (In press), *Oeuvres de sé miotique des textes scientifiques*, Forthcoming, 1994.

Baudrillard, Jean (1992), *L'illusion de la fin, la gréve des événements*, Paris: Galilée.

Bensaude-Vincent, Bernadette (1989), 'Lavoisier: une révolution scientifique', *in Éléments d'histoire des sciences*, ed. Michel Serres, pp.363 - 386, Paris: Bordas.

Bijker, Wiebe. E., Thomas P. Hughes and Trevor Pinch, eds. (1987), *The Social Construction of Technological Systems: New directions in the sociology and history of technology*, Cambridge, MA.: MIT Press.

Bloor, David ([1976] 1991), *Knowledge and Social Imagery* (2nd edn. wirh a new foreword), Chicago: University of Chicago Press.

Boltanski, Luc. (1990), *L'amour et la justice comme compétences*, Paris A.-M. Métailié.

Boltanski, Luc and Laurent Thévenot (1991), *De la justification. Les économies de la grandeur*, Paris: Gallimard.

Bourdieu, Pierre and Loïc Wacquant (1992), *Réponses: Pour une anthropologie réflexive*, Paris: Le Seuil.

Bowker, Geoffrey and Bruno Latour (1987), 'A booming discipline short of discipline: social studies of science in France', *Social Studies of Science*, 17: 715-748.

Braudel, Fernand (1985), *The Perspective of the World: 15 th to 18 th century*, New York: Harper & Row.

Callon, Michel (1986), 'Some elements of a sociology of translation: domestication of the scallops and the fishermen of St Brieux Bay', in *Power, Action and Belief: A new sociology of Knowledge*?, ed. John Law, pp. 196-229, London: Routledge & Kegan Paul.

Callon, Michel, ed. (1989), *La science et ses réseaux: Genèse et circulation des faits scientifiques*, Paris: La Découverte.

Callon, Michel (1992), 'Techno-economic networks and irreversibility', in *A Sociology of Monsters: Essays on power, technology and domination*, ed. John Law, vol. 38, pp. 132-164. 38. London: Routledge Sociological Review Monograph.

Callon, Michel and Bruno Latour (1981), 'Unscrewing the Big Leviathans: how do actors macrostructure reality?', in *Advances in Social Theory and Methodology: Toward an integration of micro and macro sociologies*, ed. Karin Knorr and Aron Cicourel, pp.277-303, London: Routledge.

Callon. Michel and Bruno Latour (1992), 'Don't throw the baby out with the Bath school! A reply to Collins and Yearley', in *Science as Practice and Culture*, ed. Andy Pickering, pp. 343-368. Chicago: University of Chicago Press.

Callon, Michel, John Law and Arie Rip, eds. (1986), *Mapping the Dynamics of Science and Technology*, London: Macmillan.

Cambrosio, Alberto, Camille Limoges and Denyse Pronovost (1990), 'Representing biotechnology: an ethnography of Quebec science policy', *Social Studies of Science* 20: 195-227.

Canguilhem, Georges ([1968] 1988), *Ideology and Rationality in the History of the Life Sciences*, tansl. A. Goldhammer, Cambridge, MA: MIT Press.

Chandler, Alfred D. (1977) *The Visible Hand: The managerial revolution in American business*, Cambridge, MA: Harvard University Press.

Chandler, Alfred D. (1990), *Scale and Scope: The dynamics of industrial capitalism, Cambridge, MA*: Harvard University Press.

Chateauraynaud, Francis (1990), *Les affaires de faute professionnelle: Des figures de défaillance et des formes de jugement dans les situations de travail et devant les tribunaux*, doctoral thesis, Paris: École des Hautes Études en Sciences Sociales.

Clastres, Pierre (1974), *La société contre l'Etat*, Paris: Minuit.

Cohen, I. Bernard (1985), *Revolution in Science*, Cambridge, MA.: Harvard University Press.

Collins, Harry, M. (1985), *Changing Order: Replication and induction in scientific practice*, London and Los Angeles: Sage.

Collins, Harry M. and Steven Yearley (1992), 'Epistemological chicken', in *Science as Practice and Culture*, ed. Andy Pickering, pp. 301 - 326, Chicago: University of Chicago Press'

Collins, Harry M. and Trevor Pinch (1982), *Frames of Meaning: The social construction of extraordinary science*, London: Routledge & Kegan paul.

Conklin, Harold (1983), *Ethnographic Atlas of the Ifugao: A study of environment*, New Haven, CT and London: Yale University Press.

Copans, J. and J . Jamin (1978), *Aux origines de l'anthropologie fran aise*, paris: Le Sycomore.

Cunningham, Andrew and Perry Williams, eds. (1992), *The Laboratory Revolution in Medicine*, Cambridge: Cambridge University Press.

Cussins, Adrian (1992), '*Content, embodiment and objectivity: the theory of cognitive trails*,' *Mind*, 104.404: 651 - 688.

Dagognet, François (1989), *Éloge de l'objet: Pour une philosophie de la marchandise*, Paris: Vrin.

Deleuze, Gilles (1968), *Diffé rence et répé tition*, Paris: Presses Universitaires de France.

Deleuze, Gilles and F lix Guattari ([1972] 1983), *Anti-Oedipus: Capitalism and schizophrenia*, Minneapolis: University of Minnesota Press.

Descola, Philippe ([1986] 1993), *In the Society of Nature, Native Cosmology in Amazonia*, Cambridge: Cambridge University Press.

Desrosi res, Alain (1990), 'How to make things which hold together: social science, statistics and the state', in *Discourses on Society*, P. Wagner, B. Wittcocq and R. Whittley, eds., Dordrecht: Kluwer Academic Publishers, pp. 195 - 218.

Douglas, Mary (1983), *Risk and Culture: An essay in the selection of technical and environmental dangers*, Berkeley: University of California Press.

Durkheim, Emile ([1915] 1965), *The Elementary Forms of the Religious Life*, New York: Free Press.

Durkheim, Emile and Marcel Mauss ([1903] 1967), *Primitive Classifications*, Chicago: University of Chicago Press.

Eco, Umberto (1979), *The Role of the Reader: Explorations in the semiotics of texts*, London: Hutchinson.

Eisenstein, Elizabeth (1979), *The Printing Press as an Agent of Change*, Cambridge: Cambridge University Press.

Ellul, Jacques (1967), *Technological Society*, New York: Random House.

Fabian, Johannes (1983), *Time and the other: How anthropology makes its object*, New York: Columbia University Press.

Favret-Saada, Jeanne (1980), *Deadly Words: Witchcraft in the bocage*, trans. Catherine Cullen, Cambridge: Cambridge University Press.

Funkenstein, A. (1986), *Theology and the Scientific Imagination from the Middle Ages*, Princeton: Princeton University Press.

Furet, François ([1978] 1981), *Interpreting the French Revolution*, transl. Elborg Forsher, Cambridge: Cambridge University Press.

Garfinkel, Harry (1967), *Studies in Ethnomethodology*, Englewood Cliffs, NJ: Prentice Hall.

Geertz, Clifford (1971), *The Interpretation of Cultures: Selected essays*, New York: Basic Books.

Girard, Ren(1983), 'La danse de Salomé', in *L'auto-organisation de la physique au politique*, ed. Paul Dumouchel and Jean-Pierre Dupuy, pp.336 - 352, Paris: Le Seuil.

Girard, René([1978] 1987), *Things Hidden Since the Foundation of the World*, Stanford, CA: Stanford University Press.

Girard, René(1989), *The Scapegoat*, Baltimore, MD: Johns Hopkins University Press.

Goody, Jack (1977), *The Domestication of the Savage Mind*, Cambridge: Cambridge University Press.

Goody, Jack (1986), *The Logic of Writing and the Organization of Society*, Cambridge: Cambridge University Press.

Greimas, Algirdas Julien (1976), On Meaning: *Selected writings in semiotic theory*, Minneapolis: University of Minnesota Press.

Greimas, A. J. and J. Courtès, eds. (1982), *Semiotics and Language: An analytical dictionary*, Bloomington: Indiana University Press.

Habermas, jürgen ([1981] 1989), *The Theory of Communicative Action*, Boston, MA: Beacon Press.

Habermas, J rgen ([1985] 1987), *The Philosophical Discourse of Modernity: Twelve lectures*, transl. Frederick Lawrence, Cambridge, MA: MIT Press.

Hacking, Ian (1983), *Representing and Intervening*, Cambridge: Cambridge University Press.

Haraway, Donna (1989), *Primate Visions: Gender, race and nature in the world*, London: Routledge & Kegan Pau!.

Haraway, Donna (1991), *Simians, Cyborgs, and Women: The reinvention of nature*, New York: Chapman & Hall.

Haudricourt, A. G. (1962), 'Domestication des animaux, culture des plantes et traitement d'autrui', *L'Homme* 2: 40 - 50.

Heidegger, Martin (1977a), 'Letter on Humanism', in *Basic Writings*, ed. David Farrell Krell, pp. 189 - 242, New York: Harper & Row.

Heidegger, Martin (1977b), *The Question Concerning Technology and Other Essays*, New York: Harper Torch Books.

Hennion, Antoine (1991), '*La médiation musicale*', *doctoral thesis*, Paris: École des Hautes Études en Sciences Sociales.

Hobbes, Thomas ([1914] 1947), *Leviathan, or the Matter, Forme and Power of a Commonwealth Ecclesiastical and Civil*, London: J. M. Dent.

Hollis, Martin and Stephen Lukes, eds. (1982), *Rationality and Relativism*, Oxford: Blackwell.

Horton, Robin (1967), 'African traditional thought and Western science,' *Africa* 37: 50 – 71, 155 – 187.

Horton, Robin (1982), 'Tradition and modernity revisited' in *Rationality and Relativism*, ed. Martin Hollis and Stephen Lukes, pp. 201 – 260, Oxford: Blackwell.

Hughes, Thomas P. (1983), *Networks of Power: Electric supply systems in the US., England and Germany*, 1880 – 1930, Baltimore, MD.: Johns Hopkins University Press.

Hull, David L. (1988), *Science as a Process: An evolutionary account of the social and conceptual development of science*, Chicago: University of Chicago Press.

Hutcheon, Linda (1989), *The Politics of Postmodernism*, London: Routledge.

Hutchins, Edward (1980), *Culture and Inference. A Trobriand case study*, Cambridge, MA.: Harvard University Press.

Jameson, Frederic (1991), *Postmodernism or the Cultural Logic of Late Capitalism*, New Brunswick: Duke University Press.

Jonsen, Albert R. and Stephen Toulmin (1988), *The Abuse of Casuistry. A history of moral reasoning*, Berkeley: University of California Press.

Kidder, Tracy (1981), *The Soul of a New Machine*, London: Allen Lane. Knorr-Karin (1981), '*The Manufacture of Knowledge: An essay on the constructivist and contextual nature of science*, Oxford: Pergamon Press.

Knorr-Cetina, Karin (1992) 'The couch, the cathedral and the laboratory: on the relationships between experiment and laboratory in science', in *Science as Practice and Culture*, ed. Andrew Pickering, pp. 113 – 138, Chicago: University of Chicago Press.

Lagrange, Pierre (1990), 'Enquête sur les soucoupes volantes', *Terrain* 14: 76 – 91.

Latour, Bruno (1977), 'La répétition de Charles Péguy', in *Péguy écrivain. Colloque du centenaire*, ed. Centre Charles Péguy, pp. 75 – 100, Paris: Klincksieck.

Latour, Bruno (1983), 'Give me a laboratory and I will raise the world', in *Science Observed*, ed. Karin Knorr-Cetina and Michael Mulkay, pp. 141 – 170, London: Sage.

Latour, Bruno (1987), *Science In Action: How to follow scientists and engineers through society*, Cambridge, MA.: Harvard University Press.

Latour, Bruno (1988a), *Irreductions. Part II of The Pasteurization of France*, Cambridge, MA.: Harvard University Press.

Latour, Bruno (1988b), *The Pasteurization of France*, Cambridge, MA: Harvard University Press.

Latour, Bruno (1988c), 'The prince for machines as well as for machinations' in *Technology and Social Change*, ed. Brian Elliott, pp. 20 – 43, Edinburgh: Edinburgh University Press.

Latour, Bruno, (1988d), 'A relativist account of Einstein's relativity', *Social Studies of Science* 18:3 – 44.

Latour, Bruno (1990a), 'Drawing things together', in *Representation in Scientific Practice*, ed. Michael Lynch and Steve Woolgar, pp. 19 – 68, Cambridge, MA.: MIT Press.

Latour, Bruno (1990b), 'The force and reason of experiment', in *Experimental Inquiries: Historical, philosophical and social studies of experimentation in science*, ed. Homer Le Grand, pp.49 – 80, Dordrecht: Kluwer Academic Publishers.

Latour, Bruno (1992a), *Aramis, ou l'amour des techniques*, Paris: La Découverte.

Latour, Bruno (1992b), 'One more turn after the social turn: easing science studies into the non-modern world', in *The Social Dimensions of Science*, ed. Ernan McMullin, pp.272 – 292, Notre Dame: University of Notre Dame Press.

Latour, Bruno and Jocelyn De Noblet, eds. (1985), *Les "Vues" de l'esprit. Visualisatian et Connaissance Scientifique*, Paris: Culture Technique.

Latour, Bruno and Steve Woolgar ([1979] 1986), *Laboratory Life: The construction of scientific facts* (2nd edn with a new postword), Princeton, NJ: Princeton university Press.

Law, John (1986), 'On the methods of long – distance control vessels navigation and the Portuguese route to India', in *Power, Action and Belief: A new sociology of knowledge*?, ed. John Law, pp.234 – 263, London: Routledge & Kegan Paul.

Law, John, ed. (1992), *A Sociology of Monsters: Essays on power, technology and domination*, vol. 38, London: Routledge Sociological Review Monograph.

Law, John and Gordon Fyfe, eds. (1988), *Picturing Power: Visual depictions and social relations*, London: Routledge.

Lévi-Strauss, Claude ([1952] 1987), *Race and History*, Paris: UNESCO.

Lévi-Strauss, Claude ([1962] 1966), *The Savage Mind*, Chicago: University of Chicago Press.

Lévy, Pierre (1990), *Les technologies de l'intelligence: L'avenir de la pensée à l'ère informatique*, Paris: La Découverte.

Lynch, Michael and Steve Woolgar, eds. (1990), *Representation in Scientific*

Practice, Cambridge, MA.: MIT Press.

Lyotard, Jean-François (1979), *The Postmodern Condition: A report on knowledge*, Minneapolis: University of Minnesota Press.

Lyotard, Jean-François (15 April 1988), 'Dialogue pour un temps de crise (interview collective)' *Le Monde*, p. xxxviii.

MacKenzie Donald A. (1981), *Statistics in Britain*. 1865 – 1930, Edinburgh: The Edinburgh University Press.

MacKenzie, Donald A. (1990), *Inventing Accuracy: A historical sociology of nuclear missile guidance systems*, Cambridge, MA.: MIT Press.

Mauss, Marcel ([1923J 1967), *The Gift: Forms and functions of exchange in archaic societies* (with a foreword by E. Evans-Pritchard), New York: W. W. Norton.

Mayer, Arno (1982), *The Persistence of the Old Regime: Europe to the Great War*, transl. Jonathan Mandelbaum, New York: Pantheon.

Mayer, Arno (1988), *Why Did the Heavens not Darken? The 'Final Solution' in History*, New York: Pantheon.

Moscovici, Serge (1977), *Essai sur l'histoire humaine de la nature*, Paris: Flammarion.

Pavel, Thomas (1986), *Fictional Worlds*, Cambridge, MA: Harvard University Press.

Pavel, Thomas (1989), *The Feud of Language: A history of structuralist thought*, New York: Blackwell.

Péguy, Charles (1961a), 'Clio. Dialogue de l'histoire et de l'âme païenne', in *Oeuvres en prose*, pp. 93 – 309, Paris: Gallimard,Éditions de La Pléiade.

Péguy, Charles (1961 b), *Oeuvres en Prose* 1909 – 1914, Paris: Gallimard, ditions de la Pléiade.

Pickering, Andrew (1980), 'The role of interests in high-energy physics: the choice between charm and colour', *Sociology of the Sciences* 4: 107 – 38.

Pickering, Andrew, ed. (1992), *Science as Practice and Culture*, Chicago: University of Chicago Press.

Pinch, Trevor (1986), *Confronting Nature: The sociology of neutrino detection*, Dordrecht: Reidel.

Rogoff, Barbara and Jean Lave, eds (1984), *Everyday Cognition: Its development in social context*, Cambridge, MA.: Harvard University Press.

Schaffer, Simon (1988), 'Astronomers mark time: discipline and the personal equation', *Science In Context* 2,1: 115 – 145.

Schaffer, Simon (1991), 'A manufactory of OHMS: Victorian metrology and its instrumentation', in *Invisible Connections*, eds, S. Cozzes and R. Bud, pp. 25 – 54, Bellingham Washington State: Spi Press.

Serres, Michel (1974), *La Traduction (Hermès III), Paris: Minuit*.

Serres, Michel (1987), *Statues*, Paris: François Bourin.

Serres, Michel (1989), 'Gnomon: les débuts de la géométrie en Grêce', in *Éléments d'histoire des sciences*, pp. 63 – 100, Paris: Bordas.

Serres, Michel (1991), *Le tiers instruit*, Paris: Bourin.

Serres, Michel and Bruno Latour (1992), *Éclaircissements: Cinq entretiens avec Bruno Latour*, Paris: Bourin.

Shapin, Steven (1990), The Mind is its own Place: 'Science and Solitude in seventeenth-century England', *Science in Context*, 4,1: 191 – 218.

Shapin, Steven (1992), 'History of science and its sociological reconstruction', *History of Science* 20: 157 – 211.

Shapin, Steven (1984), 'Pump and circumstance: Robert Boyle's literary technology', *Social Studies ofScience* 14: pp. 481 – 520.

Shapin, Steven (1989), 'The invisible technician', *American Scientist* 77: 553 – 563.

Shapin, Steven and Simon Schaffer (1985), *Leviathan and the Air-Pump: Hobbes, Boyle and the experimental life*, Princeton, NJ: Princeton University Press.

Smith, Crosbie and Norton Wise (1989), *Energy and Empire: A biographical study of Lord Kelvin*, Cambridge: Cambridge University Press.

Stengers, Isabelle (1983), *Etats et processus*, doctoral thesis, Brussels: Université Libre de Bruxelles.

Stocking, G. W., (ed.). (1983), *Observers Observed. Essays on ethnographic fieldwork*, Madison: University of Wisconsin Press.

Stocking, G. W., ed. (1986), *Objects and Others: Essays on museums and material cultures*, Madison: University of Wisconsin Press.

Strum, Shirley and Bruno Latour (1987), 'The meanings of social: from baboons to humans', *Information sur les Sciences Sociales /Social Science Information* 26: 783 – 802.

Thévenot, Laurent (1989), ' quilibre er rationalité dans un univers complexe', *Revue Économique* 2: 147 – 197.

Thévenot, Laurent (1990), 'L'action qui convient: Les formes de l'action', *Raison pratique* 1: 39 – 69.

Tile, Mary (1984), *Bachelard. Science and Objectivity*, Cambridge: Cambridge University Press.

Traweek, Sharon (1988), *Beam Times and Life Times: The world of high energy physicists*, Cambridge, MA.: Harvard University Press.

Trevor-Roper, Hugh (1983), 'The Highland tradition of Scotland', in *The Invention of Tradition*, ed. Eric Hobsbawm, pp. 15 – 41, Cambridge: Cambridge University Press.

Tuzin, Donald F. (1980), *The Voice of the Tambaran: Truth and illusion in the Iharita Arapesh religion*, Berkeley: University of California Press.

Vatirno, Gianni [1] (1987), *La fin de la modernité: Nihilisme et herméneutique dans la culture postmoderne*, Paris: Le Seuil.
Warwick, Andrew (1992), '*Cambridge mathematics and Cavendish physics*: Cunningham Campbell and Einstein's relativity 1905 – 1911. Part 1: The uses of theory', *Studies in History and Philosophy of Science*, 23: 625 – 656.
Weber, Max ([1920] 1958), *The Protestant Ethic and the Spirit of Capitalism* (with an introduction by Antony Giddens), New York: Charles Scribner's Sons.
Wilson, Bryan R., ed. (1970), *Rationality*, Oxford: Blackwell.
Woolgar, Steve (1988), Science: The very idea, London: Tavistock.
Zimmerman, Michael E. (1990), *Heidegger's Confrontation with Modernity: Technology*, politics and art, Bloomington: Indiana University Press.
Zonabend, Françoise (1989), *La presqu'île au nucléaire*, Paris: Odile Jacob.

[1] 作者名字应该为 Gianni Vattimo，而非 Gianni Vatimo。——译者注

译 后 记

本书的翻译以及两位译者的相识颇有佛家所谓因缘之味道。2007 年 9 月至 2008 年 9 月,我以访问学者身份赴巴黎政治学院(Sciences Po de Paris)进修一年,师从布鲁诺·拉图尔先生。在第一次见面时,拉图尔先生就说:"《我们从未现代过》一书已经有了很多的译本,但我一直很奇怪到目前为止此书竟然还没有中译本。"当时我便萌发了翻译此书的念头,日内瓦大学的亦然(Basile Zimmermann)兄长也对此表示支持。后来,恰逢苏州大学出版社组织一套"当代科学技术论译丛"的翻译,我们便向苏州大学出版社推荐此书。本书的另外一位译者剑桥大学的安涅思(Agnès Chalier)女士,于 2007 年 9 月至 2008 年 9 月期间在巴黎政治学院进行了一年的访问研究。因此,两位译者得以相识,并且在一年的时间里进行了大量的合作,本书的翻译便是其中的一项成果。于是,本书便以其目前的面貌呈现给大家了。

《我们从未现代过》一书的法文版出版于 1991 年。接着,在 1993 年的英文版中,拉图尔又对它进行扩展,增加了某些内容。此后,本书不断被翻译为其他各种语言,这包括:西班牙语(1993)、葡萄牙语(1994)、保加利亚语(1994)、荷兰语(1994)、德语(1995)、意大利语(1995)、挪威语(1996)、德语(袖珍版,1998)、希腊语(2000)、阿拉伯语(2000)、匈牙利语(2001)、斯洛伐克语(2004)、立陶宛语(2004)、克罗地亚语(2004)、俄语(2006)、丹麦语(2006)、芬兰语(2006)、西班牙语(新版,重译,2007)、土耳其语(2008)、日语(2009)、韩语(2009)等。因此,目前本书已用 20 多种语言出版,另有波兰语、塞尔维亚语等译本正在出版过程之中。这也充分证明了本书的重大影响力。

本书的翻译采取了英文版和法文版对照进行的方式，先由英文本译出，随后两位译者再以法文版为基础逐段讨论，力求能够准确表达出每句话的真实含义。先以英文版为基础进行翻译，这主要是基于以下几点原因。(1) 较法文版而言，拉图尔在英文版中增加了某些内容，例如第二章中的“何为拟客体”部分就是全新的一节；(2) 拉图尔对某些章节的标题进行了改动(3.13)；(3) 拉图尔对某些章节的论证进行了调整和强化(包括对某些图示进行了删减、合并和调整)，因此，尽管两个版本在行文结构和总体思路上是一致的，但是在微观层面的论证和结构上也存在很大的差异；(4) 英文版中调整了参考文献的数量，并新加了索引，这使读者能够更加方便地了解本书的某些观点。但是英文版在某些地方的表述并不是非常清晰，并且也存在某些漏译和误译之处，例如，在英文版的 107 页出现了一个排版错误，‘issimultaneously’应为‘is simultaneously’，在法文版 145 页拉图尔使用了‘à la fois’(“同时”)；英文版的 121 页出现漏译，较法文版而言，缺失了对“月下世界”(‘le monde sublunaire’)的讨论，这使得读者无法理解本句话的意思；此外，英文版的 128 页和 142 页也存在误译现象(对应于法文版的 175 页和 195 页)。因此，本书的中文译本，尽管在总体框架上是以英文版为基础的，但在某些具体语词和句子的翻译上，采取了法文版的表达方式。此外，为了读者理解的方便，在中文版的 159 页，加入了法文版中的一个图示。

拉图尔先生时刻关心着本书的翻译进展，并对本书中某些关键术语的中文翻译提供了很多意见。例如，拉图尔先生在本书中非常重要的一对范畴 mediator 和 intermediary，其最终译法的确定是由拉图尔先生做出的。关于 constitution 这一术语，拉图尔先生给出的解释是，“这绝对是一个抽象术语，并不是指某些纸质文件”，但是，在第二章的最初部分，拉图尔先生是在“宪法”的意义上来使用这个词的，他的解释是，之所以这样用，只是“要提醒大家，还有很多其他的宪法存在着，诸如美国宪法以及(我非常肯定)中国宪法”。因此，对于这一个术语，在第二章的最初部分，我们将之译为“宪法”，在其他地方则译为现代“制度”。另外需要指出的是，拉图尔先生在文中使用了大量的破折号,为了读者理解的方便,亦根据中文的表达习惯,在不改变原著本意的情况下,译者将其中的某些破折号改为了括号。

本书翻译过程中也得到了诸多专家和朋友的帮助与指点。蔡仲教授和邢冬梅教授时刻关心本书的翻译,并且通读全书,提出了许多中肯的修改建议;亦然兄长以及我的同窗好友杨艳博士也对本书的翻译提供了很大的帮助,译者从他们那里得到了很多的灵感;本书中某些德语词汇的翻译,也得到了南京大学哲学系的周剑文老师和德语系的李双志老师的帮助;巴黎 La Découverte 出版社的 Delphine Ribouchon 女士和苏州大学出版社的李寿春女士在本书的翻译过程中,也付出了艰辛的努力,特别是李寿春女士,在审稿过程中,针对本书中某些具体语词和句子的翻译,多次与译者通过电子邮件和电话讨论。在此一并向各位专家致谢。

最后,也要向为本书的翻译提供帮助的巴黎政治学院以及亚洲中心的刘忠军老师表示感谢,正是他们的帮助为译者提供了良好的研究环境,此书的翻译才得以顺利开展。

本书正文部分的初译稿由两位译者合作,完成于巴黎;其他部分的初译工作以及全书的统较工作由刘鹏负责,完成于南京大学。由于本书的理论难度和时间的紧迫,译稿中很可能还存在某些不尽如人意之处,恳请各位专家学者批评指正。

刘鹏

初稿:2008 年 9 月 20 日

巴黎

修改:2010 年 7 月 20 日

南京